生活因阅读而精彩

幸福

不是得到就是学到

雅　雯◎编著

中国華僑出版社

图书在版编目(CIP)数据

幸福，不是得到就是学到 / 雅雯编著.—北京：
中国华侨出版社，2011.10

ISBN 978-7-5113-1769-8

Ⅰ.①幸…　Ⅱ.①雅…　Ⅲ.①人生哲学–通俗读物
Ⅳ.①B821-49

中国版本图书馆 CIP 数据核字(2011)第 194623 号

幸福，不是得到就是学到

编　　著／雅　雯
责任编辑／梁　谋
责任校对／孙　丽
经　　销／新华书店
开　　本／787×1092毫米　1/16开　印张/17　字数/304千字
印　　刷／北京建泰印刷有限公司
版　　次／2011年12月第1版　2011年12月第1次印刷
书　　号／ISBN 978-7-5113-1769-8
定　　价／29.80元

中国华侨出版社　北京市朝阳区静安里 26 号通成达大厦 3 层　邮编：100028
法律顾问：陈鹰律师事务所
编辑部：(010)64443056　　64443979
发行部：(010)64443051　　传真：(010)64439708
网址：www.oveaschin.com
E-mail：oveaschin@sina.com

前言
QIANYAN

　　如果问一个人:你最想得到的是什么?也许他会说事业,也许他会说爱情,也许他会说健康……然而,无论他想要的是什么,最终的目的都是希望自己变得更快乐、更幸福。可以说,幸福是每一个人一生的追求。那么,幸福到底是什么呢?

　　我们不妨先来品读一则有关幸福的寓言故事:

　　一个生前十分善良且热心的人,死后升入了天堂,成为天使。他做了天使之后,经常到凡间帮助有需要的人,希望他们感受到幸福。

　　一日,他遇见一个农夫,农夫看样子很苦恼,他对天使说:我家的水牛病死了,没有它帮忙我怎能下田作业呢?于是,天使赐给了他一头健壮的水牛,农夫很高兴,也觉得很幸福。

　　又一日,天使遇见一个男人,男人沮丧地向天使诉说:我的钱被骗光了,没有钱回家。于是,天使给了他银两做路费,男人很开心,天使在他身上感受到了幸福的味道。

　　又一日,天使遇见一个诗人,诗人英俊有才华,十分富有,家中还有位美丽贤惠的妻子,可他不快乐。诗人告诉天使:我拥有很多,唯独少一样东西,你能够给我吗?天使答应了他。诗人望着天使说:我要幸福。天使犹豫了一会儿，说:我明白了。然后，天使拿走了诗人的才华，毁去他的容貌，夺去他的财产和他妻子的性命。做完这些事后，天使便离去了。

一个月之后，天使来看望诗人。诗人饿得奄奄一息，衣衫褴褛地在躺在地上挣扎。这时候，天使把诗人的一切还给了他，又离开了。半个月后，天使再次遇见诗人，诗人搂着妻子，不停地向天使道谢。因为，他得到幸福了!

幸福没有绝对的定义，也许只是拥有一件失而复得的物品，也许只是获得了最需要的东西，抑或就是珍惜自己所拥有的，仅此而已。此刻，你不禁会问:一个人的幸福从哪儿来?有没有一位天使愿意帮助每个人实现他的美丽梦想呢?很可惜，生活不是童话，世界上也没有天使。不过，每个人出生的时候，命运都赐予了一个终身陪伴着他的救世主，那个人就是他未知的自己!

《幸福，不是得到就是学到》，这是一本教会人们如何摆脱心灵枷锁的书，教会人们如何通过学习得到幸福，如何拥有幸福，享受生活。让人们在忙碌中得到休息;在茫茫大海中，找到自己的航行方向;在人生的十字路口上选择好自己的路。它还教会人们如何忘记烦恼，如何在失意中振翅高飞，教会人们如何为焦躁的心灵找到一片净土。

但愿本书能够为还在奔波忙碌的你，在浩瀚的海洋中航行的你，找到休息的港湾，使你能够在迷失当中找到自我，能够在失去当中得到幸福。因为幸福，不是得到就是学到。

目录
MULU

第1堂课
走出过去的伤痛，才能重新开始
——善忘是获得幸福的法宝

记忆就像是漂泊在汪洋中的一叶扁舟，当我们航行的时候总是有很多的旅客上船，当我们记忆中的旅客只上不下的时候，记忆之舟就会不堪重负。只有我们适时地忘记一些记忆中的人和事，才会为记忆之舟减轻负担，腾出一些空间来容纳更多的幸福。

第2堂课
选择做自己，追求想要的生活
——勇敢是开启幸福的钥匙

世界上本没有路，我们的人生也是一样，我们的路要靠我们自己勇敢地开拓，当你走出属于自己的路时，你会发现只有自己开拓的路才是最好的，只有属于自己的生活才是最幸福的。

走自己的路，让别人说去吧，只有选择自己喜欢的生活才会过得幸福，不要让别人的想法来左右你追求幸福的决心。毕竟幸福不是别人给的，而是靠自己努力创造出来的。

第3堂课
带着激情上路,有梦想才有希望
——激情是照亮幸福的明灯

激情是我们人生的明灯,它指引我们前进的方向,引导我们通向幸福的道路。

心有多大,舞台就会有多大,有梦想才能够创造奇迹。只有怀揣着梦想与激情,在面对困难的时候,我们才会无所畏惧;只有怀揣着梦想和激情,我们才能看到前方的道路是多么光明;只有怀揣着梦想和激情且付出实际行动,才有可能把我们的梦想变成现实。

第4堂课
不奢望得不到的，只看自己拥有的
——感恩知足才会被幸福垂青

幸福是什么?它不是拥有富可敌国的财产,也不是成为九五之尊,而是一种感恩知足的心态。

在生活中,并不是我们拥有得越多就越幸福,有些人富可敌国,但是他仍然不满足,那么幸福就会与他擦肩而过。相反,虽然有些人,身无一物但他却非常感激上天赐给他的每一份礼物,幸福反而经常降临到他的身上。

第5堂课
没有不快乐的事，只有不快乐的心
——积极乐观就能发现幸福

有人说："幸福不是靠我们等来的，而是需要我们用积极乐观的心态去发现。"只有摒弃那些让我们烦心的事情，用积极乐观的心态擦亮我们的眼睛，你才会发现幸福就围绕在我们的身边。

第6堂课
"慢"步人生路,享受简单的幸福
——简单生活是幸福的开始

只有保持着一颗简单的心,才能体会出幸福的真谛,其实幸福并不是要有多少财富,幸福也不像我们想象的那么复杂,幸福就隐藏在简单的生活之中,只要放慢脚步,用简单的心去观察,幸福就在你的身边。

第7堂课
要让自己幸福，先让别人幸福
——无私付出也是一种幸福

付出也是一种幸福，当我们给予别人我们拥有的，当我们和别人分享我们拥有的同时，我们也获得了一种感激和快乐，那也是一种幸福。我们总认为只有不断地拥有才是一种幸福，然而幸福不仅仅只有得到这一种，有些时候，还有另一种幸福那就是付出。

第8堂课
幸福不在未来，就在每一个瞬间
——细微之处蕴藏最大的幸福

人生的幸福，其实就隐藏在生活的角落里，只有我们摒除杂念，用一颗平静的心去生活细微的角落里去观察，你会发现，虽然只是生活中的一些很细微的事情，却能将你的幸福最大化。

第9堂课
亲情友情爱情，有爱的地方就是天堂
——情感是通往幸福的必经之路

情感是上天赐给人的礼物，人因有了情感而有心，而幸福就要是用心去感知。有情感的地方就有了家，家不仅是我们遮风避雨的港湾，更是我们心灵的依靠，当我们用心去体会的时候会感觉到，原来通往幸福的桥梁是情感。

第 10 堂课
默默耕耘无怨悔,付出自会有回报
——努力的过程就是幸福的过程

　　幸福不是一种结果,不是靠我们整天坐着等,就能得到的;幸福是一种过程,靠我们去努力拼搏才能得到。其实,在我们努力的过程中就享受着幸福,努力的过程就是幸福的过程。

第 11 堂课
人生可以不成功,但不可以不平衡
—— 和谐平衡方能感知幸福

一个人幸福与否不是看他成不成功,关键是看他有没有平衡的心,只有拥有平衡的心才能让我们拥有和谐的人际关系,只有拥有和谐的人际关系和平衡的心,才能感知到幸福的所在。

第 12 堂课
善用自己的天资,感受"涨潮"的快乐
——成就感是人生最幸福的体验

得到幸福的关键,是要看自己是否有一颗幸福的心,而幸福是在我们的成就中体验到的。只有我们不断地获得成就,让成就感来丰富我们的内心,与此同时,我们才能体验到幸福。

第 *1* 堂课

走出过去的伤痛，才能重新开始

——善忘是获得幸福的法宝

　　记忆就像是漂泊在汪洋中的一叶扁舟，当我们航行的时候总是有很多的旅客上船，当我们记忆中的旅客只上不下的时候，记忆之舟就会不堪重负。只有我们适时地忘记一些记忆中的人和事，才会为记忆之舟减轻负担，腾出一些空间来容纳更多的幸福。

1 不要为打翻的牛奶哭泣

每个人都希望自己的人生道路能够一帆风顺，没有任何坎坷，但这一观念本身就不符合自然规律，这只不过是我们自己的一相情愿罢了。无论是在工作中，还是生活中，犯错本来就是不可避免的事情。关键不在于错误本身，而在于你犯错之后的态度。

常常听到人们痛苦地说："我永远无法原谅自己。"可是，不原谅又如何？日子不还是要继续过下去吗？如果整天生活在自责中，那不等于是把自己推进了一个永远见不着底的深渊，让自己再也看不到希望和光明。世界上什么都有卖的，就是没有卖"后悔药"的，发生之后还可以重新来过，也许这就是人生无悔，责怪自己只会让自己更痛苦。

其实，错误本身并不可怕，可怕的是它让我们失去了直视它的勇气，更可怕的是，让我们从此失去做事的心情，以至于毁了现在和未来。所以，不要再抓住过去的伤疤不肯放手，从自责的泥潭中跳出来，朝气蓬勃地投入到新的生活和事业中去。

小张是个很有思想和抱负的人，他在校期间就想将来毕业之后要自己创业。毕业后，他从亲朋好友那儿借了点钱，注册了一家公司。刚开始的时候，公司经营得很好，不过后来，由于市场的瞬息万变加之自己缺乏经验，将大量的资金都投入到公司的广告宣传、租房以及日常的各种开销之中。却忽略了自己公司经营业务的提升和管理。虽然经营的业务市场反响很好，可是这样一来，一连几年下来，不但没赚到钱，反而把本钱都赔进去了。

这件事对于小张的打击太大了，他终日苦恼，不断地抱怨是因为自己的疏忽大意才导致现在这个局面的。他整天自寻烦恼，闷闷不乐，神情恍惚，根本就没有斗志，也没有精力重整旗鼓东山再起了。

直到有一天，他在街上闲逛的时候，遇到了他的大学同学，看着小张那精神颓废的样子，他的同学很好奇，就问他："你的事业不是做得很成功吗？为什么这么颓废呢？"小张把他的公司状况和他的同学说了一遍。他的同学说："事情都已经这样了，你再苦恼也只能这样了，过去的都已经过去了，终日去想你当时犯的错误而不总结教训，反倒因此而丧失斗志，你这样又何苦呢？又有什么用呢？"

朋友的一席话顿时让小张明白了，解开了一直都没有解开的心结，他又充满激情地投入到工作当中了。

人的一生失败几次是正常的，爱迪生说过："失败是成功之母"，关键是要看你怎么想，接下来怎么做。也许有人会问："什么才是成功？"

其实成功的定义很简单，成功就是对待过去的态度。面对过去的失败不放弃，忘记失败带给你的痛苦，总结失败的原因，重整旗鼓继续奋斗，那么这就不是失败，而是成功的开始。相反，面对过去的成功，如果总是因为自己过去的成功而骄傲，那么这不是成功而是失败的开始。就像英国的那句谚语："不要为打翻的牛奶而哭泣。"

虽然，打翻了牛奶的确很不幸，错误也很低级，但天下没有永远不幸的人。孔子曾说过："人非圣贤，孰能无过。"在这个世界上，人们难免有失误或愚蠢的行为，每个人都有做错事或失败的经历，不同的是，有的人能迅速站起来继续前行，而有些人却沉浸在失败中自怨自艾。在错误发生之后，让我们由衷地对自己说一句："不要为打翻的牛奶而哭泣！"已经过去的事情我们无法改变，能做的只是吸取经验教训后，然后忘记那些错误，轻装走向下一次的成功。也许你现在的损失或者不幸会成为你今后的一种财富呢！

在生活中，我们不仅要学会原谅别人，更要学会原谅自己。如果不能原谅自己，我们就会永远在失败的深渊中不能自拔；如果不能原谅自己，我们就会终日在自责中度过；如果不能原谅自己，我们便会在人生中失去前进的勇气……

2 勇敢地与过去告别

英国前首相劳合·乔治有一个很奇怪的习惯——随手关上身后的门。

有一天，乔治和朋友在院子里散步，他们每走过一扇门，乔治总是随手把门关上。"你有必要把这些门都关上吗?"朋友很是纳闷。

"哦，当然有。"乔治微笑着说，"我这一生都在关我身后的门。你知道吗?这是必须做的事。当你关上门的时候，也将过去的一切留在了后面，不管是美好的成就，还是让人懊恼的失误，然后，你才可以重新开始。"

"我这一生都在关我身后的门!"走过昨天的风风雨雨，身上难免会沾染一些尘土和霉气，心中多少会留下一些辛酸和留恋，这是不可能完全抹掉的。我们需要总结昨天的失误，但我们又不能总对过去的失误和不愉快耿耿于怀，因为伤感也罢，悔恨也罢，都不能改变过去，不能使你更聪明、更完美，反而将大好时光白白浪费掉。

人生如梦亦如戏，戏里戏外，每个人都有着不同的舞台，扮演着不同的角色，演绎着不同的人生，但有一点是相同的，那就是，每个人都拥有过去、现在和未来。走出过去，把握现在，憧憬未来。走出过去并不是要你放弃过去，而是走出过去的阴影，总结过去的经验，为现在提供借鉴，为明天指明方向。一个人若是生活在过去的光辉或悲伤中，那么过去就像笼子一样将你困住，将永远无法再为自己创造人生的另一个辉煌。

正如俗话所说:"因为误了头一班火车而懊悔不已的人，肯定还会错过下一班火车。"要想成为一个快乐而成功的人，一定要记得随手关上身后的门，学会将过去的错误、失误通通忘记。

一直被誉为"世界足球王国"的巴西，足球是他们的国魂，而巴西队一直都是世界足球的泰斗。在 1954 年的那次世界杯半决赛，巴西的所有人都坚信巴西足球队一定会成为那届世界杯赛的冠军。可是，那次的结果却是出人意料，巴西队输给了法国队，没能拿到世界杯冠军的桂冠。

足球是巴西的国魂，球员们比任何人都更明白。他们懊悔，觉得无颜再见江东父老。他们知道，球迷们难免会出现过激的情绪和行为。可是，当飞机降落在首都机场上，展现在他们眼前的却是另一番景象：巴西的总统和两万多球迷都在机场迎接他们。一个条幅格外醒目："这已经是过去！"球员们感动得泪流满面，又重新找回了斗志。

4 年后，巴西足球队不负众望夺回了世界杯冠军的桂冠，一雪前耻。当巴西足球队的专机一进入国境的时候，16 架喷气式战斗机为其保驾护航。当飞机降落在机场时，聚集在机场上欢迎的球迷更是多达 3 万人。这是多么令人激动的场面！人群中又出现了 4 年前的那条横幅："这已经是过去！"球员们把头低了下来，下了飞机后又到球场开始了新的训练。

其实人生就是这样，起起伏伏，成功也好，失败也罢，所代表的都是过去，也都即将成为历史，就像黑板上的粉笔字一样。用板擦一擦全部都要归于零，都要重新开始，重新谱写新的篇章。

世间的事情往往就是这样：所有眼前的事情，在岁月的长河里都显得那么微不足道，真正值得我们去做的不是沉浸在过去，而是继续创造出美好的未来。倘若往事不堪回首，那就不要回头，一切向前看，你会发现，明天的阳光依旧灿烂。

能够忘记过去的人才是敢于担当的人，能够放得下过去的人才是豁达的人，能够放得下过去的人才会有信心追求明天，才可以让自己生活得更加精彩，才可能有未来的成功和幸福。一个不能摆脱过去的牢笼，终日生活在过去而不能自拔的人，只会是做一天和尚撞一天钟，庸庸碌碌苟安于世。他不知道为什么今天要奋斗，也不知道明天在哪里，这样的人怎么会不被时代的浪潮淹没呢？

忘记过去并不意味着我们要刻意去回避什么，只是有些东西由不得我们自己，或者说很多时候我们都是在刻意地去在意那些，我们曾经拥有过现在失去了的事情。就像曾经以为的那些坚不可摧、亘古不变的友情，好多都是在不经意间随时光流失。那些曾经开放在春天里的洁白的百合花，也早已凋谢不留半点芬芳。物是人非空悲切，回头反思已枉然。

既然过去不可避免地成为过去，美好、悲伤、痛苦以及欢乐，再美好、再悲伤、再痛苦、再欢乐，也都已经过去了。面对过去的态度，的确能影响一个人的现在以及以后的生活。忘记过去，和过去说再见，怀着轻松的心态去把握今天，创造明天，我们的生活不是更幸福吗？

③ 该放手的时候不要犹豫

一天，李硕的父亲给李硕买了一只小鸟，放在笼子里养着，李硕非常高兴，他每天都精心地照顾它，每天都按时喂它，可是有一天，正在李硕喂小鸟的时候，他看着小鸟的眼睛，看了好久，好像明白了什么，他立即打开笼子，把小鸟放了出去。

他父亲知道后非常生气，打了他一顿，就问他为什么，他说："没错，我是喜欢那只小鸟，可是我从它的眼神中能感觉得到，虽然我每天都喂着它，可是它并不高兴，它不愿意在笼子里生活。它想要的是自由，虽然我好想每天都看到它，把他放在我身边，但我还是要放它出去，让它过它自己想要过的生活。"父亲顿时无语了，心想，一个孩子都能知道这些，怎么我们这些成年人却好像什么都不懂了？

是啊，就像李硕说的那样，不能因为喜欢就把它占有，而不考虑别人的想法。有些东西如果是你的，即使它跑到天涯海角，它还是会回来，它永远属于你。可是如果不是你的，即使你每天都把它攥在手心里，它还是不属于你，无论你多么喜欢它，多么地舍不得，该放手还得放手。命里有时终须有，命里无时莫强求。

一个人的一生要经历很多爱，但千万不要让你的爱成为一种伤害别人的利器。该放手的时候须放手，不要因为一时的不舍而握紧双手，这样，既伤害着别人，也折磨自己。

有时，人生往往就是这样，有些东西你越是想要，就越是得不到，越是得不到，越是思念，也许这就是为什么有那么多人对自己得不到的东西，非到万不得已绝不放手的原因吧。很多人也是因为等到逼不得已的时候才放手，结果才落得个郁郁寡欢的下场，使得彼此双方都受到伤害。其实放手并没有像人们想象中的那样痛苦，相反，在放手以后，你会感受到放手的轻松。

人总是忘记不了过去，总是沉溺于往事而不能自拔，爱人走了，缘分也尽了，情却未了。这不也是人间的悲剧吗？既然缘分尽了，你即使再留恋，再回想过去，事情也不会因为你的留恋而朝着你的想法发展，这样，既伤害了自己，也伤害了对你好的人，结果只能令亲者痛仇者快。

其实，爱是一把双刃剑，当你拥有它并带给你幸福的时候，你会觉得这个世界就是天堂，周围的一切都是那么美好。可是同样，当它走掉的时候，就会让你觉得世界像地狱一样，你眼里昔日的一切美好事物在现在看来，都是那么丑恶，即使周围有人对你好，你也感受不到。我们每个人都想拥有爱，当爱过后，我们还依然在梦中，不愿醒来，这样就会害人害己。

如果你真的明白爱情的真谛，就不应该死死抓住那份根本不属于你的感情，而应毫不犹豫地松开手，放爱一条生路，这样，即使在雪花纷飞的寒冬，你也会看到灿烂的阳光，你也能感受到阳光的温暖。与其让彼此在痛苦中备受煎熬，倒不如做一个大度的人，松开紧握的双手，还对方自由，更不要因为对方的离去而伤感、遗憾，而是应该默默地祝福对方，让对方因为自己的放手而幸福，同时，对于自己也是一种解脱，也让自己再去寻找属于自己的幸福。给对方一个也给自己一个追求快乐的机会，你会发现因为你的放手让双方都有了属于自己的幸福。因为每个人，都有追求自己幸福的权利，都可以去寻找属于自己的幸福，都有属于自己的一片天地，守候属于自己的感情。

如果你们的感情没有了，那么就请不要用锁链锁住对方，也没有必要硬撑着去维持那份根本就不存在的感情。因为即使对方没有离开你，你也没有得到，你虽然困住了对方的人，而对方的心早已经飞走。而我们要一个没有心的空壳有什么用呢？还不如毫不犹豫，及时放手。因为，放手也是一种拥有，而不是遗憾，是给彼此重新生活的机会。

④ 失去了也是另一种收获

张枫和李云在大学就相爱了，在大学他们一直是同学眼里的金童玉女，毕业之后，他们都各自找到各自的工作，忙着各自的事情，但是，即使再忙他们始终没有忘记在临睡之前通个电话诉说一下相思之苦。

也许爱情就是这样，在经历过了高温时期之后，到了降温的时候了。李云渐渐地"忙"了起来，甚至忙得忘了给张枫打电话，甚至忘了在睡觉之前对他说一句"晚安"，原本张枫以为李云是真的忙，所以，并没有在意李云的表现。时间就这样一天天地过去，张枫和李云的矛盾渐渐凸显，两人的关系慢慢淡了。

一天，张枫去见客户，在路上，他无意间看到了一个背影很像自己的女朋友的人，上了对面路边一部很豪华的车子，他急忙追上前去，希望看到的这个人不是李云。但是，事与愿违，那个人正是自己的女朋友，他不敢相信自己的眼睛，但当时要急着去见客户，没有时间和她争吵，他含着眼泪去见客户了。

他晚上给她打电话，想听听她的解释，李云在电话里却说要分手。张枫问"为什么"。

李云说："跟你在一起，感觉不到浪漫。"张枫知道李云嫌他没有钱，他也知道自己给不了李云想要的东西，便同意了。

为了缓解失恋给他带来的痛苦，张枫努力地工作，由于张枫的勤奋和努力，不久，他被提升为公司的副总。

虽然张枫失去了女朋友，失去了爱情，但却赢来了事业上的成功。没错，生活中因为有了爱而变得丰富多彩，荒漠因为有了爱情而不再荒芜。可是，在爱情的道路上，并不是每个人都可以顺利走完，有的人走了一段时间后，在不知不觉中爱情道路就结束了，于是人们痛哭流涕，但他们不明白，有时候，失去也是一种收获。

舍得舍得，有舍方有得。这就教会我们在生活中，不但要拿得起，还要放得下，有的人失去了财富却得到了最真的亲情，有的人失去了智慧却得到了快乐，有的人失去了自己的梦想，却得到了健康……在爱情的道路上，同样也存在。当我们沉浸在收获的喜悦中的时候，也许有的东西正在失去；而在我们失去某些东西的时候，上帝也许会为你准备一份意外的惊喜。

人生在世几十年，好事坏事自相连。若知有得自有失，何必自扰自心弦。面对生活，无论你的选择是什么，你注定会失去一些东西，也注定会在失去的同时获得一些东西。顺其自然，失去的时候不要悲伤，因为在某些方面你还会得到，你会在另一方面得到幸福。得到的同时会失去，却在失去的同时也会得到。

有个人，在一次车祸中很不幸失去了双腿。所有人都对他的厄运表示同情，对他的未来充满担忧。都去看望他，在看望他的时候，人们在他的脸上却没有看到一丝的痛苦，更没有看到绝望。周围的人很是好奇，心想：双腿对人来说是多么的重要，失去了双腿，以后生活还有什么色彩可言？

他笑着和他们说："这次车祸对于我来说确实很不幸，让我失去了双腿，虽然，腿很重要，但和生命比起来，还是生命更重要。虽然我失去了双腿，但不幸中的万幸，我保存下了性命，并且我可以通过这件事认识到，原来活着是一件多么美好的事情——虽然我失去了双腿，但是却懂得了珍惜更加珍贵的生命。"

面对残酷的现实，他没有因为失去双腿而自怨自艾，并没有失去面对生活的勇气，而是笑谈人生。比以前更加坚强地面对人生中的起起伏伏，更加看淡人生当中的得到与失去，其实这也是一种收获，他学会了更加珍贵的东西，那就是对人生和生命的态度。

人生中的得与失千万不要看得太重。比如说，失去了声誉或高贵的权力，同时也得到了做普通人的自由；失去了万贯家财，同时也就得到了简单的快乐；草原失去了鲜花，同时也就得到了小草。

"失去本身不是一种过错，失去了轰轰烈烈的生活，却享有平平淡淡的生活；冒险家失去了急流险滩，才能得到温馨港湾。"放弃了悲伤，你将会收获快乐；即使失去了光明，心中还会燃起一盏不灭的灯；失去了双腿，但是你的心却比别人走得更远。

只有看淡失去的人生活才会精彩，因为失去与得到往往是成正比的，你失去得越多得到的也就会越多。不曾失去的人又怎么会有得到，即使得到了，他也不会珍惜，而最终还是会失去，而失去的同时我们还会得到，其实失去本身也是一种收获。

⑤ 别让过去的错误成为明天的包袱

正所谓，"人非圣贤，孰能无过"。每个人的一生都会遇到这样或者那样的问题，犯下这样或者那样的错误。但时间如白驹过隙，过去了还会回来吗?总是执著于过去的错误，而不敢面对新的生活，幸福向你走来时，如果你不敢去迎接，又怎么会有幸福和快乐呢?

追悔过去，只会让你更加痛苦，就像还没有经过审判的罪犯一样，还没有经过法庭的审理，还不知道结果如何，自己就给自己判了死刑。让自己躲在阴暗潮湿的角落里，阳光又怎么会照到你的身上呢，你又怎么能感觉到温暖呢?追悔过去，就等于失掉现在；失掉现在，又怎么会有未来?

不要总为已经过去的事情而难过，因为过去的事就像是泼出去的水一样，即使你再懊悔，也不可能重新来过。又何苦自己难为自己，为什么不坦然地面对现实，用现在的标准和观点去评判一下过去?也许你会发现结果并不是像你想的那样。人生往往会有许多的遗憾，这也许就是人生的魅力，过于完美在人世间是不存在的。

马尔登曾说过："人的一生不会一帆风顺，也没有十全十美的人。如果始终念念不忘过去的失败和错误，而错过许多生活乐趣，真是太可惜了。我们的眼睛生在前面，就是要我们往前看，为未来做好打算。人生就是一个不断放弃，又不断创新的过程，忘记过去的错误就是一种智慧的人生态度。只有忘记了过去，你才能破茧成蝶，迎接新生。"

对于自己的过去，不必耿耿于怀，是好是坏都已过去，都已是昨天，而今天，你就是一张白纸，没有了埋怨与不满，一切从头开始重新写下你今天的幸福。那么，在你的人生篇章里的每一篇都会是幸福。勇敢地面对过去，忘记过去，不要让昨天的一时糊涂成为今天追求幸福的绊脚石。更不要让昨天的错误成为明天的包袱。

热剧《我是特种兵》中的小庄是一个重情重义的人，在执行缉毒的任务时，狡猾的毒枭马云飞在审讯时自残，需要医治。小庄的女友小影，作为军医的一员，她义无反顾的进入医务室救助马云飞，却中了马云飞的暗算。

马云飞将小影作为人质和军队殊死抵抗，身为特种兵的小庄在击毙马云飞解救小影时，却误伤了小影，导致小影眉心中弹，牺牲了。

退役后的小庄深感自责和痛苦，在这个伤痕中过了十几年都不能自拔。在十几年中，他做过很多工作，做的最多的便是喝酒沉醉，他生怕自己清醒，生怕自己清醒后回忆起特种兵的生涯，因为回忆起特种兵的生涯，不免会想起被自己误杀的女友小影。

直到十几年后的某天，小庄在一次意外之中碰到了当年的特种兵队友，现在的民工老炮。老炮的出现犹如一个导火线将小庄的记忆翻新了出来，当小庄再次回忆十几年前的特种兵生涯，再次回忆自己深爱的女友小影时，才发现，过去都已经过去，我们只能向前看，只有告别了过去，告别了过去的伤痛，未来才能一片光明。

昨天的一切都被留在门外，留在门里的是一张白纸，是一个没有任何记录的人生，无论过去的成功或是失败都已经不重要了。重要的不是昨天，而是今天和明天。怀着这样的精神走过人生的每一天，才能一步步迈向成功的大门，也许昨天我们做错了，难道还要让昨天的错误绊住我们的明天吗？

就像张允和老人总结的人生幸福三诀一样，她说："做一个好人其实很容易，拥有一个幸福的人生其实也很简单，首先，不要拿自己的错误惩罚自己，其次，不要拿自己的错误惩罚别人，再次，不要拿别人的错误惩罚自己。"

用过去的错误惩罚今天的你，就会错过今天，今天都没有了又如何谈及明天呢？就像俗语所说："为误了头一班火车而懊悔不已的人，肯定还会错过下一班火车。"

幸福的人之所以会幸福，是因为他们随时记得随手关上身后的门，学会忘记过去的错

误、失误,而不要沉湎于懊恼、后悔之中,眼睛是长在前面的,就是要让我们往前看。明天又是新的一天,又是一个新的开始。振翅高飞,去迎接新的明天。

⑥　人生苦短,忘记该忘记的

人生有些事情该忘记就得忘记,如果总想着那些让人烦恼的事情,终日活在烦恼里,那我们的生活又怎么会快乐呢?又怎么会有幸福和快乐呢?

每个人都会有自己的苦楚,也许是读书时的穷困,婚姻的挫折,以及亲戚朋友的背叛……如果为此而耿耿于怀,终日郁郁寡欢。这又有什么用呢?我们难道就是为了这些痛苦而活吗?

我们应该淡忘人生中的挫折与不幸;应淡忘名利的得失;应淡忘岁月的伤痕;应淡忘别人对自己的伤害;应淡忘陈腐、过时的观念;应淡忘流言蜚语;应淡忘冷遇和种种烦恼。这样我们才能摆脱往事的阴影,保持随缘常乐的状态。

就像这首歌词里说的一样:"世人都晓神仙好,唯有功名忘不了;古今将相在何方?荒冢一堆草没了。世人都晓神仙好,只有金银忘不了;终朝只恨聚无多,及到多时眼闭了。世人都晓神仙好,唯有娇妻忘不了;君生日日说恩情,君死又随人去了。世人都晓神仙好,只有儿孙忘不了;痴心父母古来多,孝顺儿孙谁见了!"

世人都说做神仙好,而神仙把这些都能忘记,所以人们都说快活似神仙,如果我们也能把这些都能忘记,我们也是神仙,是逍遥在人间的神仙。

佛经里有个小故事,说小和尚和老和尚一起去化缘,小和尚第一次下山,他毕恭毕敬地跟着师父,什么事都看着师父。

走到河边,见一女子站在河边,欲过河却不敢过河。老和尚二话不说背起女子过了河,女子道谢后离开了。小和尚看到这个情形心里一直想着,师父怎么可以背那个女子过河呢?

但他又不敢问。

一直走了 20 里，他实在憋不住了，就问师父，师父，我们是出家人，你怎么能背那女子过河呢？

师父淡淡地说，我把她背过河就放下了，可你却背了她 20 里还没放下。

其实，做人就应该记住该记住的，忘记该忘记的，把别人对自己的好，把那些高兴的事情刻在石头上，永远记在心里；把别人对自己的伤害，把那些让人伤心的事情写在沙滩上，把它们当成过眼云烟，让河水冲过，就什么都烟消云散了，什么也都忘记了。这样的人才是快乐的人，才是高尚的人。

乐于忘怀能够让人心里平静，能够让人坦然真诚地面对生活。不能忘记失意时的尴尬和窘迫，让过眼烟云在心头永存，只会让你更加痛苦，让你失去更多。就像印度诗人泰戈尔所说："如果你因为失去太阳而哭泣，那么你也将失去群星了。"为鸡毛蒜皮的事情斤斤计较，为陈芝麻烂谷子的事情耿耿于怀，心灵之船就会不堪重负，记忆之舟严重承载，就会让痛苦的过去牵制住未来。有人说：生气就是拿别人的错误来惩罚自己。老是念念不忘别人对自己的伤害，这样只会对你的伤害更深，善于忘怀的人，才能活得快乐轻松。

正所谓：春有百花秋有月，夏有凉风冬有雪。若无闲事挂心头，便是人间好时节。我们的每一天都应该是快乐的，一年四季都在欣赏美，不要总生活在过去。记住该记住的，忘记该忘记的，洒脱人生，了无挂碍才能活得潇洒，才会拥有美好幸福的人生。

7 生活需要时时清理包袱

从前，有一个人，觉得自己活得很累，以为自己病了，于是，他访遍了名医，寻遍良药，结果却一点效果都没有。最后，他遇见一个智者，希望能找到解脱之道。

智者听他说完自己的病情，什么都没说，而是给他一个背篓背着。然后和他说："你看这条石子路，你每走一步就放一块石头进去，我在路的那头等你。"

智者在路的另一头等着，过了一会儿，只见那个人步履蹒跚地走了过来，一副不堪重负的样子，走到智者面前。智者问道："现在什么感觉？"

那人说："别提了，这个背篓太沉重了，我实在是受不了了。"说着就要把背篓卸下来。

智者说："你先不要把背篓卸下来，这样，你从原路返还回去，每走一步就从背篓里拿出一块石头扔了，我在路的那头等你。"

又过了一会儿，又见那人健步如飞地来到智者面前，智者问道："现在又是什么感觉？"

那人说："如释重负。"

智者问："那现在觉得怎么样，病好了吗？"

那人说："我觉得现在很精神、很轻松，现在我的病全好了。"

也许有人会问："为什么那个人的病就突然好了呢？他访了那么多的名医，吃了那么多的珍贵药材都没有起色，为什么单凭智者的几句话就能让他痊愈了呢？"

那是因为智者让他明白自己的病因所在，智者的目的就是要告诉他：他现在的状况就像是背篓一样，而生活就像是那条路。我们总想拾起来更多的东西，背篓里的石头就像是他在生活中一步一步装的负担，随着时间的推移，时间越长，他拾起的东西也就越多，背篓里的东西就越多，他所背负的东西就越多，又怎么能不疲惫呢？

智者让他原路返回是要告诉他，人生就像是一个包袱一样，你越是舍不得扔，越是不清理，就会越沉重，及时清理自己的背包，扔掉那些你本来就用不到的东西你会发现，你过得很轻松，而且你还可以给你背包腾出空间去容纳更多有用的东西。

在人生的道路上，我们只知道，不断地拾起，往背篓里拾起东西，而忘记了清理包袱里的一些东西，扔掉一些没用的东西；在人生的道路上，我们只学会了加法，而忽略了还应该学习人生的减法。

"拾起"和"加法"的确能够让我们的人生拥有很多，比如，财富、家庭、子女，更重要的是压力和责任。然而我们拥有得越多，背负的也就越多，自然就会疲惫不堪。所以我们就应该及时清理我们生活的包袱，学会人生的减法，因为学会了减法，我们才会觉得如释重负，才可以变得更加轻松。

有时候我们的人生就像是一辆客车，在人生的旅途中驰骋。然而人的生命不会像公交车一样，到了终点还会有下一班。生命只有终点永远不会再有下一班。但是我们可以在人生的道路上设定站台，让那些到站的旅客下车，以减轻自己的负担。因为并不是所有的旅客都会跟随着你走向终点的，太过强求只会因超载而让车报废得更早。

凯恩和佛莱德是一对非常要好的朋友，他们商量好了要去沙漠考察，一天，在考察的过程中，不慎迷了路。茫茫沙漠，荒无人烟，就连随身携带的指南针和地图也不见了。

很快带的吃的东西也吃没了，包里除了还有两壶水以外，全部都是沉甸甸的考察资料和书籍。他们感到前所未有地绝望。

面对这种情况，凯恩说："这样可不行，我们会被困死在这沙漠里的，不如我们把这些东西都扔了，只带那两壶水，轻装上阵，这样我们能快点走出这该死的沙漠。"

佛莱德说："你疯了吗？我们这次考察获得的资料和数据是多么地珍贵你知道吗？如果扔掉，那我们的所有努力不就白费了吗？"

两人相持不下，没有办法，两人分道扬镳，凯恩拿着一壶水独自上路了，把那些所谓的珍贵的资料全部都留给了佛莱德。凯恩，经过了重重困难，最后终于走出沙漠。而佛莱德背着那沉重的包袱步履维艰，结果葬身于沙漠之中。

其实人生又何尝不是如此呢？佛莱德要是和凯恩一起放弃那些资料，甩开那些沉重的包袱又怎么会葬身于沙漠呢？也正是由于凯恩敢于及时清理他的包袱，让自己迈开轻松的步伐，才能以最快的速度走出沙漠，最终才得以脱离险境。

有些时候，不是我们不能轻轻松松地生活，而是我们把自己的包袱装得太满，最终让包袱拖住我们前进的脚步，使我们不能轻松地前进。生活就是这样，有时需要我们去积累一些东西，去获取一些东西。但同时，生活更需要我们去清理，把包袱里那些用不到的东西及时清理，这样我们的生活才更轻松，我们才不会被包袱束缚住手脚，而让我们得不偿失。

"智者转心不转境,愚者转境不转心。"就是说,聪明的人,通过"转心",转化心态,从而改变自己的做法以适应环境。而愚蠢的人,就只知道"转境",不能灵活改变自己的想法和做法,反而总是想着改变环境。这就是因为我们的心里包袱太满了,容不下其他的东西。

包袱里的空间是有限的,而我们所需要获取的东西是无限的,在生活中,只有及时清理我们的包袱才能给我们的包袱腾出空间,去容纳更多有用的东西。

8 可以转身,但不必回头

拿破仑·希尔是美国著名社会学大师,在他小的时候,有一天,他和几个小朋友在一间荒废的阁楼里玩耍。一不小心,他从阁楼上滑了下去。一根钉子钩住了他的戒指,一股强大的力量把他的整根手指都拖拉下来。

一股锥心的疼痛让他以为自己真的死定了,结果,他活了下来,但是是以失去一根手指为代价。等他的手好了以后,他没有总想着自己比别人少了根手指,而是像往常一样地生活,他没有因此而烦恼过。

有人在开玩笑的时候问他:"难道这件事情就没给你造成一点的困扰,你一点也没有因此而烦恼过?"

他说:"烦恼又有什么用呢,再烦恼我的手指也不会长出来啊。相反,我不去烦恼这些事情,我也就没发现我左手四根手指跟正常人的五根手指有什么不同。"

正是由于拿破仑·希尔的这种人生态度,让他即使遇到再令人不愉快的事情发生时,也不会影响他的生活,更不会影响他在他事业上的成就,不是吗?

就像我国台湾作家刘墉在他的一篇作品中所描述的一样:"我们可以转身,但是不必回头,即使有一天发现自己错了,也应该转身,大步朝着对的方向迈去,而不是一直回头怨自己的错误。"我们的人生又何尝不是如此呢?在人生的道路上,有些事情发生了,是不能回头的,就像水不会倒流,时间不会逆转一样,一切事只要过去,就永远不会回头,我们自一出生,就踏上了这样的一条不归路。

在漫长的人生道路上,我们不可避免地会遇到一些令人不愉快的事情,发生一些我们不愿发生的事情,但事情已然发生,已成定局,谁也改变不了。事情的结果既然是这样,就不可能再变成是那样。但我们可以有所选择,我们可以选择接受不可避免的情况,并且适应它;我们也可以选择用忧虑来毁灭自己的生活。就看我们想要什么样的生活。

很多罪犯都会说:"如果再给我一次机会,我一定不会选择去做那些犯罪的事情。"可是,生活永远不会有第二次机会,我们可以转身去看,但永远不能回头。

事情一旦发生,生活就为我们封死了回头路。就像我们跑步的时候,没有人会后背向前地倒着跑,更不可能总回头,因为这样不但跑不快而且容易摔倒。如果让眼睛一直盯着后面,就看不到前面的路,总是回头往后看的人就会失去前进的方向,就不会有未来。这也是眼睛长在前面的原因,目的就是让我们要往前看。

刘飞失恋了,终日活在痛苦之中,郁郁寡欢,看不见笑容,朋友们也很着急,经常陪她出来散心,希望能够让她忘记这份痛苦。给她介绍男朋友,她也拒绝了。

朋友们知道,刘飞还是没忘记过去,于是劝她说:"忘记以前那个男人吧,这世界大得很,好男人多的是,你这是何苦呢!"

刘飞说:"什么呀?我早就忘记他了,你看,我现在什么事情都没有啊!我不是好好的吗?"说完,脸上露出勉强的笑容。朋友们知道,刘飞是在自欺欺人,因为她的笑容,没了当年的那种洒脱。

后来,刘飞在一次聚会上认识了一个男孩,一开始,两个人还比较沉默,不过随着渐渐熟悉,两个人交流也热烈了起来,甚至还互留了电话。

朋友们自然也是非常高兴,过了 3 个月,这两个人成了情侣,甜蜜得让大家都有些忌妒。有一次,一个朋友小心地问刘飞:"你前男友怎么样了?"

刘飞说:"我怎么知道他怎么样?我才没有那份闲情逸致管他呢,我还有我的生活呢!"说完，她脸上露出了朋友们期盼已久的笑容，大家一起全笑了。因为看到，当年那个活泼的刘飞又回来了。

人们常说:"在生命中，如果有一个人伤了你的心，那么在你的生命中肯定还会出现一个人来为你治疗你心中的伤痛，让你心中的伤口愈合。"刘飞不就是这样吗?虽然她的前男友伤害了她，让她痛不欲生。可是，后来在她生命中不是又出现了那个男孩来为她疗伤吗?如果她要是一开始知道这一点她还会如此伤心，让朋友们为她担心吗?因为:时间是最好的证明。

有人说:"时间是治疗一切伤痛最好的药。"当我们失意的时候，不要刻意想着"走出回忆"，因为越是那样，就越会激起自己对过去的思考，这也是一种回头。让一切都趋于平淡，该做什么做什么，淡化一切事情，努力往前看，大步向前走，随着时间的推移，你会发现一切都会归于平淡，都变得那么正常，而你也不会常常去想过去的那些让你心痛的事。即使你想到以前的事，也会发现自己的心已经不痛了，只会微微一笑，笑自己当时好傻。因为你已经投入了新的生活，过去的一切都已经随着时间的洗礼淡化了。

正如普希金所言:"这一切终将过去，而过去的，将会变成亲切的回忆。这一切，只不过是黎明前的黑暗，是历史上的一页，生命不息，黎明总要播撒光明，历史总要翻开新的一页。现在的种种即将属于过去，而未来，是搁笔待写的空白，空白，就是一种充满力量的希望。"

在人生的道路上，可以转身，没有必要回头，因为回头看到过去的一切都已经是历史的一页，黎明总要播撒光明，历史总要翻开崭新的一页。我们应当大步向前，拿起我们手中的笔，去谱写我们的未来。

9 忘记失败才能迈向成功

1933 年的全球金融危机,让世界各个国家束手无策,美国政府当时也是用尽了各种手段都失败了,仍然没有使美国摆脱经济危机。

罗斯福刚一上台,决心要大胆改革,当时,议会都对他的改革方案提出质疑。议员们问:"政府经过了这么多次改革都失败,你凭什么能保证你的这次改革能成功,你能保证你的这次改革能成功,使美国摆脱现状吗?"

罗斯福说:"虽然,我不能保证我的改革能成功,但是最起码我忘记了这次改革会失败,虽然我的改革不一定能让美国摆脱经济危机,但是,如果不改革,能使美国一定不能摆脱经济危机。"

议员们顿时无语,当然他的方案最终获得通过,于是他大刀阔斧地在美国进行经济制度改革。不但使美国摆脱了经济危机的影响,还使美国成为世界第一经济强国。这就是历史上著名的"罗斯福新政"。

法国著名的革命家伉尔曾说过:"只有当你把一件事做到忘记失败时,你才算真正做好了这件事。"试想如果罗斯福在想进行改革时就想着如果失败了怎么办,那么他还能实施改革吗?他的改革还会成功吗?那他又怎么会名留青史呢?

很多人都有学自行车的经历,开始的时候,两眼总是盯着双脚,唯恐骑不好车,这样我们反倒骑不好,更容易摔倒;而真正学会了的时候却忘了看双脚,而是眼观六路,却骑得一路舒适而坦然。忘怀失败是一种境界,是一种彻底自信和勇敢;忘记失败,是一种通向成功之路上的最佳状态。

失败固然可怕,谁也不希望失败,可是恐惧失败又有什么用呢?这样做,除了带给我们烦恼,还会给我们什么呢?我们常常止步于艰难困苦之前,却唯独忘记了努力尝试,有些时候我们不是败给了事情本身,而是败给了对失败的恐惧上,有些事情因为我们害怕失败就在中途放弃了，其结果自然是失败，如果我们坚持尝试到最后我们真的会失败吗？相反，我们努力提升自己的能力，忘记失败，我们又怎么会不成功呢？

不要被失败所吓倒，忘记失败，努力去尝试，因为只有努力去尝试，才会检验你是会失败还是会成功。

新东方外语学校的掌门人俞敏洪在一次演讲中说："我并不是一开始就是成功人士，我曾经参加过两次高考都失败了，但是我不放弃，我也不甘心，但是失败没有把我吓倒，我继续努力，第三次我踏入了北京大学，我曾经失败了两次，第三次才成功考上大学。后来我想出国，又三次都失败了，但失败并没有把我吓倒，我忘记了失败带给我的痛苦，我要立志创办新东方，我要圆更多人出国的梦。"

俞敏洪说："即使被采到泥土中，也不甘心做泥土，而要成为破土而出的鲜花。"

正是由于俞敏洪这样，在失败中汲取营养才忘记失败带给他的负面影响，他才会种植出成功，试想，要不是他经历这么多的失败又忘记失败的可怕，又怎么会有今天的成功呢？泰戈尔说："只有经过狱火的焚烧才能炼就创造世界的双手，但同时我们必须忘记狱火的恐怖；只有渡过血的手指才能弹出世间最美的绝唱，但同时我们必须忘记渡血的疼痛。"雨后的彩虹之所以美丽，是因为他经历过狂风暴雨，我们之所以会欣赏彩虹是因为我们忘记了狂风暴雨。

美国著名总统林肯经历了无数次竞选的失败，家人都离他而去，这让他几乎精神崩溃，但他最终还是在一次次的荆棘中找到未来的方向。忘记失败的痛苦，他向世界高呼：不！最终，使他走向成功，成为美国历史上最受欢迎的总统之一。

生命是一场游戏，跌倒次数多的人，是游戏的获胜者。有谁的旅途始终直挂云帆，风平浪静呢。我们都是那个会跌倒的人，接受了跌倒的现实，忘记了跌倒的疼痛，学会了如何克服跌倒这才是人生的意义。一次跌倒，就是一次进步，忘记跌倒带给我们的伤痛。向着终点的方向前进，走出这一过程，我们都是好样的。

在失败面前我们无所畏惧，忘记失败才能使我们迈向成功。

第 2 堂课

选择做自己, 追求想要的生活

——勇敢是开启幸福的钥匙

世界上本没有路, 我们的人生也是一样, 我们的路要靠我们自己勇敢地开拓, 当你走出属于自己的路时, 你会发现只有自己开拓的路才是最好的, 只有属于自己的生活才是最幸福的。

走自己的路, 让别人说去吧, 只有选择自己喜欢的生活才会过得幸福, 不要让别人的想法来左右你追求幸福的决心。毕竟幸福不是别人给的, 而是靠自己努力创造出来的。

① 世上没有完美，坦然面对你的缺陷

从前，有一位得道高人，由于年迈体衰，知道自己大限将至，于是，他决定从他的两个徒弟中选一个人来继承他的衣钵。一天，他把两个徒弟叫到跟前说："你们两个人去给我找一片最完美的树叶，谁找到，我就把我的衣钵传给谁。"

于是，两个徒弟领命，都出去为他们的师父找那片最完美的树叶。

才过一会儿，大徒弟就回来了，递给师父一片并不漂亮的树叶。师父说："这片树叶虽然不完美，但是它是我见过的最完美的树叶了，因为你已经给了我想要的东西，给了我想要的答案。"

小徒弟在外面找了半天，看这片不行，看那片也不行，最后，两手空空地回来了。他说："师父，我已经尽力找了，可是我找了半天，树叶不是有这样的缺陷就是那样不好，我实在找不出来。"

师父说："知道了，你们都出去吧。为师要睡了"。师父说完，两个徒弟都出去了。

第二天，高人就宣布了结果，决定把衣钵传给他的大徒弟。

或许，有人会为小徒弟抱不平，虽然小徒弟最后没有找到那片最完美的树叶，可是他已经尽力了啊，他比大徒弟要尽心，而大徒弟只是随便找一片树叶来糊弄师父，而小徒弟却为了那片最完美的树叶煞费苦心。那份孝心可比大徒弟强多了！

实则不然，世界上本来就没有绝对的完美，如果都那么完美，哪还有喜怒哀乐，人生百态呢？正是因为大徒弟知道完美的树叶是在世界上不存在的，所以才找了一片普通的树叶，交给师父；而小徒弟为了追求所谓的完美，而费尽力气，结果却是一无所获。所以，高人才会把衣钵传给了不追求完美包容缺陷的大徒弟，而不传给片面追求完美的小徒弟，就是要告诉世人，世界上没有绝对的完美，我们要度人万世，首先要学会包容缺陷。

其实人也是一样的，没有绝对完美的，造物主一开始就剥夺了我们完美的权利，但却赐予了我们追求幸福的权利。虽然世界上没有完美的人，但却有完美的幸福。我们总想绞尽脑汁，使我们变得完美，但事实上完美是不存在的。就算是我们再努力，也只是趋于完美而永远达不到完美的境界。

有人说："斯芬克斯的鼻子胜过嘴，维纳斯的断臂胜过腿。"不过，这对于追求完美的"完美主义者"就不这么想了，他们会说："虽然维纳斯美丽但她并不完美，因为她是断臂，她没有正常人的手臂。"于是他们通过了各种途径来帮维纳斯修补，想让维纳斯变得更加完美。可是无论怎么修补，结果大家都说这不是维纳斯了，就是因为她失去了"残缺的美"。我们在生活中就是应该包容缺陷，有时候缺陷也是一种美，是美丽事物的一个特征。

在现实生活中，我们不用刻意去追求完美，因为世界上没有完美的人，有时候缺陷也是一种美，坦然地接受和面对这种美，你会发现你很幸福，而这种幸福是完美的。

一家公司招聘总经理助理，其中有两个人过关斩将，在众多应聘者中脱颖而出，进入到最后一轮的面试。一个是著名大学的高才生一菲，另一个是普通高校毕业的美佳。

在去面试的时候，一菲胜券在握，她想：无论从学历和经验她都比美佳强，都比美佳更有希望得到这份工作。

面试的时候，考官问她："你有什么缺点？"

一菲说："这个我倒还没发现，而且我不甘于平凡，我喜欢创新性的工作，喜欢新鲜的东西，别人都是这么评价我的！"

面试官接着问："可是，你应聘的这份工作并不是创新性的工作，而且还很乏味，每天都重复做一样的事情，你为什么来应聘？"

一菲想了想，然后回答："我觉得这是一个很好的机会，我觉得我能够胜任。"

考官在问美佳同样问题的时候，她毫不犹豫地说："我缺点很多。"

面试官很满意地点点头，又问："那优点呢？"

美佳笑了笑，调皮地回答："正因为我的缺点太多，因此我在工作时还需要学习，这对我的成长很重要！"

结果很明显，美佳赢得了最后的角逐被录用了，而各方面条件都比她强的一菲却失败了。

"金无足赤，人无完人"这是世人皆知的道理，一菲在面试的过程中极力掩饰自己的缺点，不敢坦然地去面对，结果反而弄巧成拙失去了这次工作的机会。

其实大家都明白，作为一个人，没有任何缺点是不可能的，掩饰缺点只会自欺欺人，不敢向别人展现真实的自己而别人又怎么能知道你是否胜任这份工作呢？而美佳却不一样，她很坦然地面对自己的缺点，向别人展现真实的自己。让别人了解自己。结果她赢得了这次的工作机会。

因此，我们在面对自己的缺陷时，应该敢于直视我们的缺陷，并努力弥补缺陷，而不要遮遮掩掩。要知道生活是允许缺陷存在的，学会坦然面对，长期保持坦然的微笑，这样，我们的人生虽然不完美，也会像珍珠一样明亮美丽。

"包容是人生最大的美德"，这就要求我们在生活中，不仅要包容别人，更要包容自己，包容别人的缺陷同时更要包容自己的缺陷，坦然地去面对。你会发现，给自己一个真实的世界的同时，也向别人展现了一个真实的自我，也是一件很幸福快乐的事。

② 张扬出你的个性，幸福就是做自己

　　夜莺唱歌很好听，也能模仿很多动物的声音，它对自己能模仿各种动物的声音很满意。一次，森林举办歌咏比赛，夜莺第一个去报名，它想这次的冠军肯定非自己莫属了。它冥思苦想着自己该用什么声音唱歌最好听呢？

　　它想了几天都没想出来，于是，它找到公鸡，向公鸡征求意见。公鸡说："你能模仿的声音太多了，我一时也不知道，你该用谁的声音唱歌最好，不过，我觉得驴子的声音很洪亮，不如你模仿它的声音唱歌吧？"

　　夜莺想也是，于是它信心满满地准备着。

　　森林歌唱比赛终于快开始了，这一天，森林里所有的动物都来了，台上参赛选手都唱得不错，不过，观众更加期待夜莺的歌声，它们都认为夜莺肯定是这次比赛的冠军。

　　哪知道夜莺一上台，就用驴子的声音唱歌，声音非常刺耳，把所有听众都给吓跑了。结果可想而知，夜莺得了最后一名。

　　其实，夜莺想来想去都想不明白这是为什么，它不明白，其实，最好听的声音就是它自己的声音。如果，它要是用它自己的声音去唱歌，那么这次的比赛冠军，肯定是它的，可它最终选择用驴子的声音来演唱，导致自己得了最后一名。

　　在现实生活中，像夜莺这样的人有很多，为了模仿别人而抹杀了自己最独特的气质。其实，与其去宣扬别人，倒不如给我们自己一个展现自己的舞台。这个舞台也是最独特、最真实的展现自己的舞台。

　　如果你不能成为山顶上的一株松，那么，就做一棵生长在山谷中的小树，如果你不能成为参天大树，那么，你就做一丛灌木；如果你不能成为一丛灌木，就做一片绿草，让

公路上也有几分欢娱；如果你不能成为一只麝香鹿，那么，就做一条鱼；如果你不能做一条公路，就做一条小径；如果你不能做太阳，就做一颗星星，因为每一颗星都是最独特的，都是与众不同的。

在这个世界上，每个人都是独一无二的，因为你所做的事，别人不一定做得来；而且，你之所以是你，就是因为你有你最独特的地方。人活着的目的不是要盲目地成为别人，而是要做好自己，做最独一无二的自己。

从前，有一位少年，他长相很好，但是他总是刻意去模仿别人。他总认为：什么都不如别人，衣服是人家的好，甚至连站相、坐相也是人家的好。于是，他见什么学什么，学一样丢一样，虽然花样翻新，到最后，还是一事无成，他不知道自己本来是什么样子。家里人劝他不要这样总是刻意地去模仿别人，他也不听。渐渐地，他竟然开始怀疑自己的走路姿势，他觉得自己的走路姿势很难看。

有一次，他走在路上听见路人说邯郸人走路的姿势很好看，他正想去打听一下，路人一看他就笑着离开了，这就更加坚定了他要学邯郸人走路的决心。终于有一天，他实在憋不住了，就瞒着家里人跑到邯郸学走路去了，到了邯郸，他看到什么都觉得特别新鲜，看到小孩走路，他觉得很活泼；看见老人走路，他觉得很稳重；看到妇女走路，摇摆多姿，就这样，他开始跟着学。半个月过去了，最后，他连走路都不会了，结果，路费也全花光了，没有办法只好爬着回去。

这就是刻意去模仿别人的后果，其实，人生在世，我们每个人都有自己的优势，都有自己最独特的特点。如果像这个少年一样，总是认为别人的比自己的好，一切都向别人看齐，而一味地去模仿别人，到最后却迷失了自己。画虎不成反类犬，到最后不但没有学会别人的长处，反而把自己最独特的东西也给丢失了。

是苍鹰就应该张开翅膀，振翅高飞翱翔于天空之中；是猛虎，就应该咆哮山林，穿梭于山林之中；是鱼儿，就应该翻江破浪遨游于江河之中。那是因为这些都是它们最独特的地方，如果它们都刻意去向别人看齐，那结果会是怎样呢？鱼儿想飞翔最后因缺水而窒息，猛虎想游泳最后因溺水而身亡，苍鹰想落地最后成为别人的口中食。

我们每个来到这个世上的人，都是上天赐予人类的恩宠，上天已经赋予每个人与众不同的特质，所以每个人都会用自己独特的方式来与别人沟通、互动、进而感动别人，每个人都有其内在的独特的东西，别人再怎么学也学不会，与其这样做，还不如做好我们自己，张扬我们与众不同的个性，你会发现你活得很轻松，因为我们只有我们自己才是最真实的、最美的。

人就是应该这样，爱自己比爱别人要多一些，如果你连你自己都不爱自己，那还指望别人会爱你吗？在茫茫的宇宙中，虽然你只是一个渺小的个体，但却是最独特的，因为你永远也找不到第二个你。

我们在欣赏别人的同时不如先欣赏一下自己，因为只有自己是最独特的。张扬出最独特的你，你就是幸福的。

3 不要因为流言而改变自己

有一个女孩，她的性格很开朗，每天想什么就说什么。可是，她听说现在的男孩子都喜欢性格内敛、淑女型的女孩儿。于是，她改变自己的性格，在外面总是装得非常淑女，过了一段时间，她果真找到了一个男朋友，这个男孩子非常地优秀，她不敢把她的男朋友带给她的朋友们看，怕这个男孩知道她以前的性格后而抛弃她。

可是，没过多长时间，这个男孩子要和她提出分手，说他们两个人性格不适合在一起，他想要的不是她那样性格的人，而且还把他的新女朋友也带来了。当她看到男孩的新女朋友时，她愣住了，那个人正是她的好朋友林岚。而且她还知道，林岚和她以前的性格一模一样。她到最后才明白，原来她的男朋友喜欢的是她以前的性格。

不过这一切都已经晚了，可这又能怪谁呢？

这个女孩就是因为太在意所谓的标准，为了找到一个如意郎君而改变自己的性格。可她却不明白，自己的本来面貌才是自己的男朋友最喜欢的，她却为了迎合别人的看法，改变了自己。到最后，男朋友还是和自己分手了。

在现实生活中，外面的流言蜚语太多了，因为每个人有每个人的审美观，有人喜欢孙猴子，自然也会有人喜欢猪八戒。

如果太在乎外面的流言蜚语，并为那些流言蜚语而改变自己，那么，你还是你自己吗？如果总是为了别人的看法而活，为了别人的看法而改变的话，你又怎么能展现出真实的自我呢？而且很多时候你是不需要在乎别人怎么看的，每个人都会有自己不同的看法，因为人不是活在别人的眼睛里，不是活在别人的流言蜚语里的，是活给自己的，你要活出一个真实的自我。

就像《西游记》里的人物一样，人们都说《西游记》里的孙悟空本事最大，他会八九玄功七十二般变化，想变谁就变谁，别人说什么，他就能变什么，可是他变来变去不还是猴吗？而猪八戒就不一样了，猪八戒在高老庄的时候，当高小姐说他丑，见他害怕的时候，他说："变好看还不容易，只是这变来变去，太麻烦。"就连猪八戒都明白这个道理，别人说什么就变什么，变来变去的太麻烦，还不如做真正的自己呢。

每个人的人生道路都是不同的，不要因为别人的选择而影响了自己的选择，要知道选择别人的而放弃了自己的就是在复制别人，你还是你自己吗？你这样生活不累吗？

俗话说："哪个人前不议人，谁人背后不遭人议。"在现实生活中，难免会有是非流言，也难免会遭人议论，甚至被误解。谁都有可能会伤心、难过，情绪难免不会被流言所左右。但是，只要你能冷静下来想一想，这是大可不必的，因为那些所谓的"流言"只不过是你耳边的一阵风而已，它来也匆匆去也匆匆，如果你太过计较，那不是拿别人的错误惩罚自己吗？

正所谓：生平何惧鬼神怒，不遭天妒是庸才。每个人都活在别人的视线之中。你的举动是对是错，只是别人的看法，如果因为别人的不切实际的看法或评价，而去改变自己，是愚蠢至极的行为。我们要相信"是非止于智者，清者自清，浊者自浊"的道理，将别人那些不切实际的谣言搁置一旁，这样，才不至于让那些谣言扰乱我们的正常工作和生活，最终也能让我们的内心获得平静，还心灵一片净土。

在人生的道路上，别人只不过是我们眼中的一道风景，如果他风景秀丽，我们可以欣赏，如果他不堪入目我们大可快步前行，千万不要因为别人的一些留言而改变自己，改变自己的一生，这种做法是不值得的。

4 记住，你才是自己的主人

一天，一个农夫和他的儿子，赶着一头驴到邻村赶集。没走多远就看见一群姑娘在路边谈笑。一个姑娘大声说："你们快过来瞧，有这种傻瓜吗？有驴子不骑，宁愿自己走路。"农夫听到这话，立刻抱儿子骑上驴子，自己在后面跟着走。

又走了一会儿，一群老人在旁边说："你们看看，现在的老人真是可怜啊。那个孩子怎么可以自己骑驴，却让年迈的父亲在后面走呢？"农夫听见这话，连忙叫儿子下来，自己骑上去。

没走多远，一群抱着孩子的妇女七嘴八舌地喊着："你们看，这个狠心的老家伙！怎么可以自己骑着驴，让可怜的孩子在后面走呢？"农夫听到感觉很惭愧，立刻叫儿子上来，父子二人都骑在驴的背上。

快到市场时，一个人大叫道："这头驴真惨，竟然驮着两个人，它是你们自己的吗？"另一个人插嘴说："哪有你们这么骑驴的啊。依我看，不如你们两个驮着它走吧。"农夫听完，和儿子急忙跳下来，他们用绳子捆上驴子的腿，找了一根棍子把驴抬了起来。

他们把驴抬到闹市入口的小桥时，又引起了一群人的哄笑。驴子受了惊吓，挣脱了捆绑撒腿就跑，却失足落入河中。农夫最终既恼怒又羞愧地空手而归。

农夫也许会很懊恼，会很生气，为什么自己做什么错什么，到最后还没有让人满意，还对他说三道四。他始终不明白，自己错在哪里，他不知道，自己不但是那头驴子的主人，更是自己的主人。别人怎么说就怎么做，那和奴隶又有什么区别呢？

在现实生活中，像农夫这样的人数不胜数，他们都不是自己的主人，他们认不清楚自己，不知道自己是谁，不知道自己要的是什么，所以常常很盲目地跟着别人走，也不管别人说的有没有道理，符不符合实际，是对的还是错的，人家说什么他就做什么，人云亦云。没有自己对事情的独到见解，而只是听别人的，别人会对你的行为负责吗？

太在乎别人对你的看法，你就不能做真正的自己了，做任何事都会想着别人会怎么看，那么谁才是你的主人呢，谁会对你的行为负责。很多时候，你不需要在乎别人怎么看的，每个人都会有自己不同的看法，你也不必让每一个人都同意你的做法，因为即使你再怎么努力，也不可能做到完美的。太在乎别人的看法只会失去你自己的心。

每个人都有自己的路要走，每条路都是不同的，别人不知道你要走的路，所以不能太在乎别人对你的看法，也不能太一意孤行。要做真正的自己就不要被别人所诱惑，更不能自欺欺人，别人的看法是别人的，不是你的，只有选择适合自己的路，不要让别人的思想和看法左右了你的思想、你的行动。因为只有自己才是自己的主人。

世界著名交响乐指挥家小泽征尔，在一次指挥大赛中，小泽征尔按照评委给他的乐谱进行指挥乐队演奏，在指挥过程中，他发现有些地方不和谐，一开始以为是乐队演奏错了，就重新演奏，结果还是不行。

小泽征尔问评委："是不是乐谱错了？"

评委非常肯定地说："没错，一切都是错觉。"

小泽征尔想了一会儿，大声说："不，这一定是乐谱错了！"话音刚落，评委们立刻报以雷鸣般的掌声。

原来，这是评委们精心设计的"圈套"。前两位参赛者虽然也发现了问题，但在遭到权威的否定后，就不再坚持自己的判断，终遭淘汰。而小泽征尔不盲从权威，"认真"起来，不畏惧权威，最终赢得了这次比赛的冠军。

小泽征尔，不正是因为坚持自己是正确的，才会赢得这次比赛吗？倘若他对权威盲从，按照评委给的乐谱演奏，那还能赢得那次比赛吗？

一个人想要成功，心里就一定要有一杆秤，一杆衡量是非对错的秤，不要盲目地听从别人的，因为别人也不是圣人，也会有过错。况且每个人因为立场的不同，也会有不同的看法。他们不会因为给你提意见就为你的行为负责，真正需要为你行为负责的只有你自己。

一个成功的人，他绝不会东施效颦，更不会人云亦云，像墙头的稻草一样随风倒。他一定会坚持独立地去思考、解决，因为他知道，轻信别人往往会使自己失去独立性，只能依赖别人，要是这样的话，就永远不会成功。因为路是自己的，成功也是自己的。

确实如此，在现实生活中，我们每个人，不论是做人还是做事，都要有独立思考辨明是非的能力，在心中树立一个正确的价值观。给自己一个明确的衡量尺度，虽然每个人的想法都不会完全一致，我们不要求每个人的看法都与自己相同，但最起码我们应该知道别人的这些看法是不是我们想要的，是不是我们所需要的。因此，我们做事时，要看我们想达到什么样的目标，而不要在乎别人的议论；你成功了，那些议论自然随风而逝了。即使事情没有做成，只要是正确的，也不会有任何遗憾。

走自己的路，让别人说去吧，毕竟这是自己的路，我们自己选择的，最终的结果只属于我们自己，因为我们才是自己的主人。

⑤ 不必让每个人都满意

夜莺飞到驴子的跟前说："别人都说我的歌声很动人，你想不想知道是不是真的？我能为你唱首歌吗？"

驴子欣然地答应了，于是，它用尽自己所有的本领，合着曲调，一会儿扬声长啸，一会儿又低声呢喃；一个顿挫，又变成了颤声百啭，接着转为柔和的调子，然后是欢乐的鼓噪洋溢整个森林。微风安息了，百鸟寂然无声了，就连懒洋洋的羊群也在侧耳倾听夜莺的歌声。

唱完之后，夜莺问驴子："这首歌你喜欢吗？"

驴子做出了自己的评判："我不喜欢这个声音，不过我喜欢听公鸡打鸣，我听到公鸡啼鸣的时候心里很温暖，如果你能和公鸡学学它的本领，那歌声才好听呢。"

听到驴子的批评，夜莺没有理会，头也不回地飞走了……

其实夜莺一开始也用不着去找驴子，让驴子听它的声音，没错，森林里有很多小动物都喜欢听它的声音，但是众口难调，它又怎么能保证让所有的动物都对它的声音满意呢？最终得到的是驴子的羞辱，这么做不是自取其辱吗？

其实，在现实生活中不也是这样吗？有些时候，我们费尽了心思，想去让更多的人对自己满意，于是，我们生活得战战兢兢，唯恐别人对我们不满意，但即便是这样，还会有人对我们不满意，我们又为此而伤神。很多时候，我们在工作或者生活上，其实花不了太多的时间，而我们将大量的时间花在了如何使别人满意上，结果弄得自己身心疲惫。

在世上，有谁不希望自己能拥有和谐的人际关系，有谁不希望自己在这个社会如鱼得水呢？但是，众口难调，每个人的立场观点的不同，我们又怎么可能让每一个人满意呢，怎么可能让每一个人都对我们绽露笑容呢？你一相情愿地认为自己照顾到了每一个人的感受，但最终还是有人对你不满意。

每个人都是以自己为圆心，以利益为半径画圆的，当你的利益和他的利益有交集的时候，他肯定会对你不满意。试想在现实生活中，会有同心圆吗？你要想让别人满意，你就要缩短你的半径，但每个人都是一个圆。是不可能缩成一个点让所有人都包容的。

有一位诗人，他把自己最得意的文章拿到广场上去展览，很自信地说："如果你们认为有什么败笔，可以尽管指出来。"到了晚上，诗人的作品上标满了记号，人们挑出了无数他们认为是败笔的地方。

诗人很不甘心，他灵机一动，又写了一首完全相同的诗拿到广场上展览，不同的是，他请观众标出诗中的妙处。结果，到了晚上，诗人看到所有曾被指责为败笔的地方，如今都换上了赞美为妙笔的记号。

诗人顿发感慨说："我发现了一个奥秘，那就是，不管我们干什么，只要使一部分人满意就够了，因为，在有些人看来是丑恶的东西，在另一些人的眼里，恰恰是美好的。"

正是由于诗人明白了这一道理，才会出现的"败笔"、"妙笔"会出现两种不同的结果，同一首诗，只不过是换了不同的问法，却出现了不同的结果。

这也许让很多人心有感触，在现实生活和工作当中，不管我们做什么事情，做得多么优秀，都不可能让所有的人都满意，如果要使自己摆脱困境，或减小压力，争取更多的赞同，就要根据不同的情况采取不同的措施。让每一个人都满意是不可能，也是不必要的。

有些时候我们也在抱怨，不管我们多么努力，行为多么正确，自我反省多么深刻，都永远达不到所有人对自己的要求。世界是这么大，社会是这么复杂，人的思想观点各不相同，要乞求所有人一致赞同一件事，简直是难于上青天。

有时候，我们应该学会避重就轻，既然不能让所有人都满意我们，那么我们还不如把观念转变，转而让那些欣赏我们的人满意就行了，因为世上的人太多了，观念各不相同。也许在他们眼里是美的，而在另一些人的眼里就是丑的。有人说"女为悦己者容"，那我们为什么不也这样呢？为那些欣赏我们的人而活，不去奢求让所有的人都对我们满意，只让部分人对我们满意就够了。

6 试着向"不可能"挑战

拿破仑·希尔是美国成功学的创始人，他年轻的时候，就立志想成为一名作家，任何人都知道，要想成为一名作家，可不是一件容易的事情，这就要求他，必须精通于遣词造句，他必须得有一件必不可少的工具，那就是字典。

但当时他的家里很穷，并没有条件接受系统的教育，也没有多余的钱来让他买字典。因此，有些朋友就善意地劝他说："你还是放弃吧，你的理想是不可能实现的，就不要异想天开了。"

年轻的希尔没有接受朋友的劝告，他用打工挣来的钱买了一本最完整的字典，他所需要的所有的字都在这本字典里。当时，他做的第一件事就是：翻开字典，找到"不可能"这个词，然后用剪刀把它剪下来丢掉，于是在他的字典里，就再也没有"不可能"这个词了。

正是因为在希尔的字典里没有"不可能"这个词，他才有了后来的成功，因为一切的事情，在一个迫切想获得成功的人面前，是没有不可能的。这使他最终成为美国商政两届著名的导师，被罗斯福总统誉为："百万富翁的铸造者。"

其实，在人的一生中，没有比完成别人口中"不可能"的事情更让人高兴的事了。人生中最大的快乐就是超越自我。我们应该树立自己的理想，然后为了我们的理想而奋斗，哪怕别人都对你说这是不可能的，也不要放弃。因为相信自己是人生的第一原则，如果你连自己都不相信，还会有谁相信你呢？连自己都不相信自己，都说自己做的事情"不可能"成功，别人又怎么会相信你做的事情会成功呢？

在现实生活中，我们最大的敌人不是挡在我们面前的那些难于处理的事情，也不是那些伤害我们的人，更不是那些不相信我们的人。而是我们自己，是我们自己口中的"不可能"，因为是我们口中的"不可能"限制了我们前进的步伐，束缚住了我们腾飞的翅膀。

只有相信自己，勇于向我们口中的"不可能"挑战，那么在我们面前，一切皆有可能。当你成功的时候，你会发现，人生最大的成功不是超越了别人，而是超越自己。克服了自己心中对"不可能"的恐惧，那么你就是无敌的，因为，你连自己都不怕，你还会怕谁？

克勒蒙特·史东是芝加哥著名的成功人士之一，他早年家境非常贫困，年轻时曾以卖报为生，然而，就在那时，他开始自主创业。当时，所有的人都瞧不起他，都说："他不可能成功，白费力气。"他没有理会那些人所说的，他坚信他一定要证明，他们所说的是错误的，是骗人的。他最后获得了成功。

他在《成功》杂志中谈道："不必理睬那些向你说'不可能'等一系列悲观字眼的人。"成功的最好秘诀就是证明'不可能'是谎言。因为，你会用各种有效的方法来使自己成功。目的就是为了证明他们说的'不可能'是骗人的。"

他说："世界上，有数以百万计的人，他们拥有能力却不能实现更高的目标，这是为什么呢？那是因为，当他们听到别人说'那种事是不可能的'时，他们就相信了，没有经过深思熟虑或者用一些积极的思想来振奋自己就放弃了他们的理想。如果他们树立积极的态度，即使事情多么的困难，也能达成目标。"

克勒蒙特·史东之所以能够成功，就是因为他坚信，在他的人生字典中没有"不可能"，他的人生信条就是向那些和他说"不可能"的人证明他们说的是谎言。树立好自己的目标，时常告诫自己没有不可能的事情，那么，即使前方有多少惊涛骇浪，也会像在平静的海面上航行一样，顺利到达成功的彼岸。

在现实生活中，不知道有多少人，他们在听到别人说不可能的时候，动摇了自己的目标并最终放弃了自己的理想。因为，他们忘记了"世上无难事，只怕有心人"。当自己的思想开始动摇时，没有用积极的思想来振奋自己，结果别人所说你做的事情不可能成功，结果就真的"不可能"成功了。

我们不应该在听到"不可能"时就心生畏惧，因为一旦自己的心理产生恐惧，就会退缩，就会放弃。哪怕离成功仅仅是一步之遥，你也不再相信。结果因为恐惧，而半途而废。

学会克服自己心中的恐惧，相信自己，试着向"不可能"挑战，你会发现在你的面前没有任何事情是不可能的。

⑦　别人怎么看你，真的不重要

在我们的一生中，别人怎么看我们，真的不那么重要，只要我们自己知道我们是什么人，知道我们做的是什么事情，对得起我们的内心。至于别人怎么看我们，那只是他们的个人看法。难道我们还比不上一个小丑吗？最起码，小丑能笑骂由人，言行自在，而我们却怕人笑了。那我们是为谁而活，走的又是谁的人生道路？

在日常生活中，有很多时候，我们自己并不觉得自己哪里错了，但却因为别人的一言一行而苦恼。别人的一个眼神、一句笑谈、一个动作都会让我们觉得不自在，许多莫名的压力向我们袭来，使得我们茶不思，饭不想，从而扰乱了我们的正常生活。于是，我们做事情总是畏首畏尾、小心翼翼地看着别人的眼色，生怕在言行上稍有不慎，成了人家的笑柄而成为众矢之的。

要想拥有一个幸福而快乐的人生就应该认清自己，而忽略我们在别人眼中的影子。就像唐伯虎所说的一样："别人笑我太疯癫，我笑他人看不穿。"我们是活在天地之间而不是活在别人的眼中。为什么要让别人毁了我们的生活呢？

费曼和他的妻子感情一直很好，妻子很开朗，他们的生活充满了乐趣。朋友们都很羡慕他们。

一天,费曼在普林斯顿收到了妻子寄来的一盒铅笔。上面写着:"我爱你!猫咪。"他心里很感动,他很喜欢这个礼物,但又不敢放在桌子上,也不敢用,怕别人看见笑话,但在那个时候,物资缺乏,于是他决定把笔上的字刮掉再用。

没过多长时间,妻子又寄来一封信,写着:"你把铅笔上的名字刮掉了吧,难道你觉得拥有我的爱可耻吗?"下面用大写字体写着:"你管别人怎么想!"费曼备受震撼,最后费曼结合他的一生来记述他和妻子的感情,写了一本书命名为《你管别人怎么想》。

费曼妻子的一席话让费曼看清了自己的人生, 让他明白了他的一生为谁而活,是活给别人看,还是活给自己的。一个人的幸福,不是别人说他幸福他就幸福,不是说他困苦他就困苦,因为事情的是非曲直只有他自己明白。也许在别人眼里他是幸福的,而事实上他却很痛苦,而在别人的眼睛里,他是痛苦的,而他自己却觉得自己很幸福。

在人生的道路上,我们只是别人眼中的一道风景,不要过多地纠缠于别人的看法里,因为,你在乎别人的看法而哭泣只能让别人重新注意到你曾经的无能。而且,太在意别人的评价,你往往会在别人的阿谀奉承中迷失自己,更容易在别人的口诛笔伐中自甘堕落,这样,你很难坚持自己的卓见和判断。太在意别人的目光会让你的心理压力过大。每天面对着十目所视、十手所指的压力,你总会害怕别人都在注意你的缺点或疏失。这可怕的想法会使得你退缩,失去积极主动的活力,同时也会令你感到更多的压力。

不要让别人的看法来扰乱你的生活,更不要让别人的看法左右你的人生,因为人生的道路是自己走过的, 别人只是你人生旅途中的一个匆匆过客,他们不会陪你走到最后,不会为你的行为买单,真正需要为你的行为买单的是你自己。

⑧ 面对质疑,坚定自己的方向

当误解发生时,我们不要当时为了解释而辩驳,这样做,会使事情变得更糟,反而会惹人非议。我们只要记得,面对质疑,只要我们问心无愧,就不要因为改变质疑而改变我们好的本质。误解和质疑是不可避免的,不如我们坦然地去面对。让坚定的信念时刻把我们心灵的明灯点亮,让它照亮我们前进的方向,做我们认为正确的事情,不要让他人的误解和质疑对我们今后的行为造成任何负面的影响。

不要在意别人的质疑,坚定你的方向,你会发现,时间会证明一切。当你疑惑时,时间会给你一个满意的答案。

最早发现能量守恒与转化定律的是德国医生迈尔,当他发现这个定律把这个定律公诸于众时,他被当时的人们称为"疯子"。

人们说:"大家说,迈尔医生是不是疯了,他说的这些全部都是无稽之谈,他简直就是一个疯子。"

面对质疑,他并没有因此而改变他的研究方向,他回到汉堡写了一篇《论无机界的力》,他把这篇论文投到《物理年鉴》,结果却得不到发表,最后他只好发表在一本名不见经传的医学杂志上。他到处演讲,宣扬他的学说,宣扬能量守恒和转化定律。

可是,当时物理学家们也无法相信他的话,很不尊敬地称他为"疯子"。而迈尔的家人也怀疑他疯了,竟要请医生来医治他。

然而,面对质疑,他并没有退缩,而是继续到处去宣扬他的学说,结果他的发现被称为欧洲19世纪三个重大发现之一。

人们都说:"一个伟大的先知,他所说出的话,开始肯定不会被人认同,如果人们一开始就认同他们所说的话,那么所有的人不都成为先知了吗?"

在追寻真理的过程中,迈尔也是经过了这一劫,因为如果别人一开始都能认同他的发现,那么他的发现还会有什么价值呢?他和别人又会有什么不同呢?他所发现必须是别人不知道的,别人不理解的,这样他发现的才会更有价值。

在现实生活中,追寻真理就是要经过质疑。因为只有经过质疑和时间的考量,你的观点和做法才会得到认同,才会站稳脚跟。虽然被人误解是一件痛苦的事,但是,理解也好,误解也罢,是任何人都无法掌控的。我们需要明白的是,我们为人做事并不是因为要获得他人的理解和赞许才去做的。只要我们心中的方向坚定,任他东南西北风,我们仍岿然不动。这样立足于天地之间的仍然是我们。

选择一条适合自己的路去走,既然是自己所选,就要坚定方向,不要去管别人的闲言碎语。同时,无论这条路多么曲折崎岖,路上有多少障碍,只要我们仍然一直走下去,最终会有一条属于我们的康庄大道。

这个世界本没有路,我们的人生也是一样,需要我们去走、去开创。不管别人怎么说这条路有多么艰难,我们依然坚定方向,走下去,因为这是你自己的路,与别人无关。你会发现,你的道路会越来越平坦。

9　活出独一无二的风采

从前,在一个村子里有两个女孩,住在村子的东头那个女孩取名为东施,住在村子西边的女孩取名为西施,东施非常羡慕住在村子西边的西施,她认为西施长得很美,是村子里公认的美女。

于是,东施干什么都模仿西施,包括西施的走路,等等。但是她不知道,西施的身体

不是很好,有心痛的毛病,每当心痛病发作的时候都觉得疼痛难忍。

有一次,西施的心痛病发作了,疼得西施眉头紧蹙,正好让路过的东施看到,东施觉得西施的这个表情很美,于是,也做出眉头紧蹙的样子,路过的人都以为她病了,问她怎么了。

她却问他们:"你不觉得我很美吗?村西头的大美女西施就是这表情"?众人听后都大笑而去。

西施再美,她也是西施,东施再模仿西施,别人也不会认为她是西施。而只是西施的影子,东施就是不明白这个道理,她每天都在费尽心思想要别人夸她美,想要把西施比下去,可她不知道她也有她自己独特的美,如果不发挥出她自己独特的美,她就是模仿西施模仿得再像,也只不过是西施的复制品罢了,而永远不可能超过西施。

做人,就是要活出自信,活出自己的风格,活出自己独特的魅力,正如但丁所说:"走自己的路,让别人说去吧。"一个人想要活出自己的味道来,并不是一件很难的事情,只要多用点心,保持爱心,拥有慧心,保持耐心,自然就会流露出可亲可爱的味道了。

发现自己,既是一种德行,又是一种高贵品质,更是一种认识自我的能力和智慧,是走向成功的第一步。"人生之路千万条,条条大道通成功"。要走向成功,只要不盲从,也不随俗,展现出自我的风格,一定能活出自己的味道,走向属于自己的成功。

西施再美,也是属于西施的,而东施效颦,再怎么模仿也不会获得成功,她也不可能会比西施美,因为她迷失了自我,没有发现自己独特的魅力,她模仿得再像也只是在为西施做宣传,最终她只是别人茶余饭后的笑柄罢了。

拿破仑有一个秘书叫布里昂,拿破仑非常器重他,拿破仑认为布里昂是沾了他的光,于是很自得地说:"布里昂,你也将永垂不朽了。"

布里昂问道:"为什么啊?"

拿破仑进一步说道:"因为你是我的秘书呀!"

布里昂反问道:"请问亚历山大的秘书是谁?"

拿破仑答不上来,而拿破仑不仅没有怪罪他,反而说:"问得好!"

拿破仑以为布里昂是因为沾了他的光才扬名于世，他却不知道，每个人的成功，都是属于他们自己的，不需要借助于任何人，这份成功是只属于布里昂自己的。布里昂的话在暗示他：拿破仑就像亚历山大一样，虽然名垂青史，但是他的秘书却不为人所知。布里昂之所以会成功，之所以会被人记住和敬仰是因为他自己的努力，是因为他有他自己独特的魅力，不是拿破仑的丰功伟绩让布里昂扬名于世，这份荣耀跟拿破仑无关。试想，如果布里昂没有活出自我，只是唯唯诺诺地在拿破仑身边，或者是因为崇拜拿破仑而每天都在模仿他，那结果又会怎么样呢？

生命的大权掌握在自己的手中，做决定的还是自己，生命是自己的，生活也是自己的，既然生活是自己的，那么就不要去复制别人的生活，因为只有自己的生活才是最绚丽多彩的。在人生的旅途中，每个人遇到的风景都是不一样的，所以每个人的生活也应该是不一样的，不要因为在路上看到别人的风景美丽而放弃了自己的风景，殊不知，只有自己的才是最美的，只有自己的生活才是独特的。

在生活中，没有人能够替代你，就像你永远也不能替代别人一样，所以你才会有完全属于自己的空间，别人是无论如何也进不去的，这个空间就是具有你自己独特魅力和风格的生活。别人的生活再好也是别人的，永远也不会成为你的。不要觊觎别人的生活，而把自己的最独特的那一段给抹杀了，因为这一段才是最精彩的。

与其煞费苦心地去欣赏别人，复制别人，还不如做好自己，为自己而活，活出自己的独一无二的风采。

第3堂课

带着激情上路，有梦想才有希望

——激情是照亮幸福的明灯

　　激情是我们人生的明灯，它指引我们前进的方向，引导我们通向幸福的道路。

　　心有多大，舞台就会有多大，有梦想才能够创造奇迹。只有怀揣着梦想与激情，在面对困难的时候，我们才会无所畏惧；只有怀揣着梦想和激情，我们才能看到前方的道路是多么光明；只有怀揣着梦想和激情且付出实际行动，才有可能把我们的梦想变成现实。

1 激情可以创造奇迹

甲和乙是同学，他们同时毕业，同时参加工作。在同学眼里，甲无论是在技能上还是在智商上，甲都比乙强得多，他们认为将来甲肯定要比乙混得好。而且乙看起来又傻又笨的，肯定没什么发展。在甲眼里，乙就是一个傻乎乎的小兄弟。

两年过去了，甲还是一事无成，而乙进步飞快，还被单位评为"技术能手"。为什么仅仅两年时间，变化如此之大呢？

刚踏出校门的时候，甲认为自己很聪明，工作中总比别人多留几个心眼，遇到困难，总是找各种借口躲开。久而久之，自己变得懒惰，在领导师傅眼里，也留下了烂泥扶不上墙的坏印象。结果对他彻底失去了信心，都放弃他了，不管他了，而他也慢慢地自我放弃了，到最后连温饱都成了问题。

乙刚一参加工作，就带着一股"傻劲"，遇到问题，本来与自己无关的事，其他人躲都来不及呢，他却偏去琢磨。开始的时候，师傅还烦他，认为他多管闲事，把自己的事情干好就行了。可时间一久，在单位里，上从领导下到师傅都喜欢上了乙的这股"傻劲"，认为这小伙子是个可塑之才，就有意培养。乙进步飞快，新点子、新方法层出不迭，时不时就给人来个新的惊喜，为单位创造了不少的收益。结果被单位评为"技术能手"。

正是由于乙自始至终都带着一种对工作的激情，才让乙从一个不被看好的，认为没有任何发展前途的人，摇身一变成为一个被单位同事敬重的"技术能手"。而甲从一开始工作就对工作没有激情，仅凭借着自己的一点小聪明，逃避困难和责任，不求上进，久而久之，从一个意气风发的高才生沦落为一事无成的人。甲和乙的差距就在于，乙拥有对工作的激情而甲没有。

激情是一种做各种事情的潜在动力,激情是一种可以融化一切的力量,是一种不断鞭策和激励我们,要求我们向前奋进的动力。

有了激情就有了想要把事情做成功做好的欲望。没有能力、经验和资金都不可怕,我们可以通过学习、奋斗、寻找和积累来弥补。可怕的是没有激情,如果没有了激情,我们就不想做任何事情;如果没有了激情,在遇到困难和挫折的时候,我们就没有克服困难的力量;如果没有了激情,我们做任何事情都觉得无趣,因为我们失去了鞭策和激励我们向前奋进的动力。激情的缺失是我们通过学习、奋斗、寻找和积累是弥补不了的。

拥有了激情也就拥有了奇迹,同时也就拥有了幸福和快乐。

被誉为棒球界"霹雳球手"的杰克在一次回答记者的提问时,这样回答道:"我加入职业棒球队不久,就遭受到我有生以来最大的打击——我被炒鱿鱼了。

"球队经理说:'你动作太慢一点都不像个打球的。杰克,如果你总是提不起精神来,今后无论走到哪里都不会成功,你将永远不会有出路'。

"球队经理的话让我牢记在心,后来,一位老队员把我介绍到了得克萨斯队,我告诫自己:'我一定要成为得克萨斯队的一员,如果我做到了,这将是我人生中的一次重大的转变。'

"刚一上球场,我觉得全身充满了力量,我强力地击出高球,令对方双手都麻木了,我当时冒着酷暑,头顶烈日在球场上奔跑,虽然极有可能中暑,但是我的意识告诉我不要停下来,在我激情的带动下,其他队员也都跟着兴奋起来。

"第二天的媒体报道称:'那位新来的球员,真是一个霹雳球手,全队的其他队员也都受了他的影响,充满了活力,他们不但赢了,而且是本赛季最精彩的一场比赛……'"

正是在他激情的带动下,他创造了一个又一个奇迹,同时他的收入也从一开始的每月 25 美元一路飙升到每月 750 美元。

杰克的成功正是由于他身上的一股激情,是那股激情让他全身充满了力量,让他在球场上发挥得更加游刃有余,也带动其他队员跟着兴奋起来。使得他们的球队在球场上取得一个又一个胜利,创造一个又一个的奇迹。是那股激情让他从一个被定性为走到哪里都不会有出路的人，变成震惊棒球界的"霹雳球手"，是激情塑造了杰克·沃特曼在棒球界的一个又一个奇迹。

在现实生活中，凭借激情创造奇迹的人有很多，他们都是因为投入百分之百的激情，才得以实现梦想，得以成功。被称为世界上最伟大的推销员乔·吉拉德说："把激情融入工作中的每一天，你会发现，奇迹就会在你面前。"

激情是获得成功的动力和力量，有了激情，通往成功道路的一切障碍都迎刃而解。激情是照亮幸福的一盏明灯，让我们满怀激情地去创造属于我们的奇迹，有了激情就有了奇迹的源泉。

2 做个有梦想的人

一位老人，检查出来他身患绝症，命不久矣，医生估计他最多只能活6个月，在这有限的时光里，老人有一个怀揣很久了的梦想：就是要写一本关于他和爱人携手一生的书！他要为奔跑的生命做一个诗意的总结。

这位老人不顾医生的劝阻，拼命地写，他和死神赛跑，和死神争夺时间。其实老人本没有什么文采，不过是在写他和老伴走过的人生道路上的一些细枝末节，在他的字里行间充盈着一个个温情的瞬间，一片片感动的碎屑，使他的精神始终处于饱满的状态，丝毫不像一个大限将至的人。当他回忆着那段往事时，仿佛又重新漫步在那恋爱的季节里。

他在扉页上写着：献给我一生最爱的人。

他说："我这一生有过无数个梦想，有的已经实现，有的永远无法实现，现在，他在书的最后一页写下了他的最后一个梦想：握着爱人的手离去，在天堂的花园里约会。"

老人每天顽强地挺直身子,伏在桌子上艰难地写作,他的老伴每天走动在他的视线里,一会儿给他捶背,一会儿给他喂药,陪他走过人生中的最后时光。

就在老人去世之前的那个晚上,老人终于写完了他的书。他嘱托子女一定要把书印出来,然后在他的坟前放一本。那天,老人咳出了很多血,医生说那是劳累过度引起的。可是老人走的时候,脸上却没有一点痛苦的表情,相反,他的脸上带着安详和幸福。

老人虽然身受绝症的折磨,但是他一点也不觉得痛苦,在与病魔斗争的日子里,他每天都在幸福中度过,因为他怀揣着梦想,他要为了实现他的梦想而奋斗,他的每一天都在与死神赛跑,结果他赢了,他实现了他最后的梦想之后,带着幸福和安详离开了人世间。他之所以会这么安详和幸福,就是因为他有梦想。

在现实生活中不知有多少人魂牵梦萦,情系往昔,慨叹风雨飘摇,逝者如斯,甚至有一些人奋力搏击出了生命力,结果他们突破了人生困境,最终成为其他人效仿的典范。其实,我们也能活出不凡的生命力,只要我们有梦想,我们就有能力面对人生中的各种坎坷,并拿出相应的行动,那么,我们的人生就不会有困境。

只要我们怀有梦想,在实现梦想的过程中,我们往往会做出惊人的成绩和得到意想不到的结果。就像蜜蜂在寻求生命意义的过程中,蜜蜂的生命不仅仅是传递花粉,同时还创造了另一个奇迹就是酿造花蜜。同样,在通往你梦想的道路中,你会发现,在自己实现梦想的同时,还有很多意外的惊喜,它往往成为你生命的永恒。

人生实在宝贵,我们每个人都会有独特的责任,一分耕耘,一分收获,只要我们用心去耕耘,就一定能结出丰硕的果实。也许有些人会感叹:"为什么我们每个人的命运都有所不同,为什么有的人虽身处逆境,却能开创出不凡的人生,而有一些人身处优越的环境中,结果却碌碌无为而最终毁掉了自己的一生?"关键还是看我们有没有梦想,我们拥有一个什么样的梦想。

2002 年的诺贝尔文学奖获得者匈牙利作家凯尔泰斯·伊姆雷,他从小生得呆笨,在他 12 岁时,他做了一个梦,梦到有一个国王颁奖给他,是因为他的作品被诺贝尔看上了。当时,他很想把这个梦说出来,但又怕别人嘲笑,最后只告诉了他的妈妈。

他妈妈说："假若这真是你的梦想，那么，你就真有出息了！我听说，当上帝把一个不可能的梦，放在谁的心中时，上帝就会帮助谁完成的。"

结果，他真的喜欢上了写作。

他心想："只要我能经得起考验，上帝会来帮助我的！"就这样他开始了自己的写作生涯。三年过去了，上帝没有来；又过了三年，上帝还是没有来。就在他期盼上帝前来帮助的时候，却盼来了希特勒的部队。身为犹太人，他被关进了集中营。在那里，数百万的人失去了生命，而他却靠着"生存就是顺从"的信念活了下来。

第二次世界大战结束后，他获得了释放，他心想：我又可以开始我的写作了。于是，他又开始了他的写作。终于在 1965 年，他写出他的第一部小说《无法选择的命运》；接着 1975 年，他完成了他的第二部小说《退稿》。

最后，他获得 2002 年的诺贝尔文学奖。

凯尔泰斯·伊姆雷就是因为怀揣着梦想，一直坚持着他的写作，无论他前方的道路是多么的艰难，他都会坚持，他克服了重重困难，最终获得了成功。当他怀有梦想，做他喜欢做的事情，那么无论多么困难，他都不在乎。我们不也是一样，当我们树立了一个梦想，千万不要放弃，因为上帝会抽身出来帮你的，帮你实现你的梦想。

然而，梦想不光是只停留在口头上，只是停留在口头上是无论如何也不可能实现的，成功不光是要敢想，更重要的是还要敢做，因为，敢于行动的人，绝不会对生活持消极态度，消极的人生观会让他丧失各种机遇。他会时刻准备着，一有机会他就会牢牢地抓住，施展出自己的才华。

我们的生命是有限的，但我们的希望和梦想却是无限的，虽然生活中太多的东西我们是自己无法掌控的，但是我们可以掌控快乐和梦想；虽然我们不能控制机遇，但却可以把握住自己；虽然我们无法预知未来，但我们可以把握今天；虽然我们不知道自己能活多久，但却可以珍惜现在。因为我们还健在一天，我们就有梦想、就有希望，生活就是美好的。

做一个有梦想的人，因为有梦想的人，不但是成功的，更是幸福和快乐的。

3 用信念之笔改写人生

一个人要想成功,必须在内心深处树立起信念,就像洒扫街道一般,首先将街道上最阴暗潮湿角落中的自卑感清除干净,然后再种植信念,并加以巩固。只有建立信念,新的机会才会随之而来。

有人说:"信念就像人生的太阳一样,是我们前进的动力。信念的力量在于即使身处逆境,身处狂风暴雨之中,也能帮助你扬起前进的风帆;信念的伟大,是让你即使遭遇不幸,也能让你鼓起生活的勇气,让你张开纷飞的翅膀,振翅高飞。"

有了信念,我们就像拥有了阳光一样,无论我们处于多么阴冷潮湿的地方,我们也不会觉得寒冷,因为我们会觉得阳光永远照在我们的身上,永远是那么的温暖。

吉尔·金蒙特曾经是全美最有名气的滑雪运动员,她的照片曾被用作《体育画报》杂志的封面。她当时的生活目标就是获得奥运会金牌。然而就在 1955 年 1 月在奥运会预选赛最后一轮比赛中,她因发生事故造成了她双肩以下的身体却永久性瘫痪。

虽然,金蒙特想要获得奥运会金牌的理想破灭了,但她在面对困难时,她的斗志却没有被残酷的现实所磨灭。在那几年,她每天都和医院、手术室、理疗和轮椅打交道,病情时好时坏,但她从未放弃过对生活的追求:她时常去从事一些有益于公众的事业,完成未完成的理想,实现她在意外发生之后的梦想。

她历尽艰辛,学会了写字、打字、操纵轮椅、用特制汤匙进食。她还在加州大学洛杉矶分校选听了几门课程,希望今后能当一名教师,当她向教育学院提出申请时,学校和医生都认为这是天方夜谭,因为她无法爬楼走到教室。

1963 年,她终于被华盛顿大学教育学院聘用。由于教学有方,很快受到了学生们的尊敬和爱戴。金蒙特终于获得了教授阅读课的聘任书。校方为了表彰她的成功，为了适应她的特殊情况，破除了很多规定。

自1955年到现在，虽然金蒙特从未得过奥运会的金牌，但她却得到了另一块金牌——那是教育界为了表彰她的教学成绩而授予她的。

正是由于吉尔·金蒙特有着人生的信念，当她在人生低谷的时候，才没有失去对生活的信心，相反，她重新鼓起面对生活的勇气，历经艰难，不仅能生活自理，还学会了写字、打字。使她最终成为一名美国著名的教师。虽然她没有在奥运会上夺得金牌，但是由于她的信念，教育界为了表彰她的成绩，为她颁发了一枚金牌。同时也是为了表彰她的人生信念。

信念就像人体的骨骼一样，是人生命的支柱，当我们面对人生的挫折与磨难时，更需要我们有坚强的信念。因为，只有我们有坚强的信念，当我们面对人生的逆境，面对人生的低谷时，才能脚踏实地地走好每一步，朝着自己人生目标迈进。

人生就像一条抛物线一样，有起有伏，有高峰就会有低谷，是不可预测的，而信念是我们无论身处何种境况的动力，它推动我们做到我们认为不可能做到的事情。信念就是我们做任何事情的力量，是我们勇攀高峰的力量源泉。

一个人有了信念，他的人生就有了价值，信念就是要坚守自己的灵性良心，用这种灵性的良心来改写自己的人生。

④ 有热情才会过得更好

日本松下公司的创始人松下幸之助，在学徒的时候，一直想独立卖出一辆自行车，在当时，自行车是高价商品，即使有人买，也轮不到他一个小学徒销售。

一天,有一个人打电话过来说:"把自行车给我们看看吧,现在我们老板在,趁我们老板有时间,现在赶快送来。"恰好,其他的伙计都不在,店主对松下说:"对方很着急,无论如何,你先把自行车送过去。"松下听了,心想:这下机会来了。于是,信心百倍把自行车送到客户那里去。松下虽然不是销售老手,却很认真地游说。

那时松下 13 岁,人家把他当做可爱的小孩。老板看他拼命解说的样子,摸摸他的头说:"不错,你是个好孩子。好吧,我决定买下来,不过要给我打 9 折。"

松下没拒绝就回答说:"我回去问老板!"说完就跑回来告诉自己的老板:"客户愿意买,不过他要求打 9 折。"店主却说:"打 9 折不行啊?算 9.5 折好了。"

松下一心想独立成交,不愿意再跑一次。他对店主说:"请不要说 9.5 折,就以 9 折卖给他吧。"说着哭起来了。店主感到很意外:"你到底站在哪方的立场啊?"

客户的伙计到店里:"怎么让我们等了这么久呢?还是不肯减价吗?"

店主说:"这个孩子回来叫我打 9 折卖给你们,说着就哭了起来。我现在正在问,他到底是谁家的店员呢。"

伙计听了,被松下的热心所感动,立刻回去告诉他的老板。那位老板说:"他是一个很可爱的学徒。看在他的面子上,以 9.5 折的价格买下来。"这是松下第一次成功销售自行车。

而且那位老板还承诺,只要松下在那家店一天,他们的自行车都在那家店买。

正是因为松下幸之助对工作的那份热情,才会让他有了后来的成功,试想如果他对工作没有那股热情,会有什么样的结果呢?那么他还能成功地把自行车销售出去吗?如果他没有那份热情,那个老板还会承诺只要他在那家店一天,他们所需要的自行车都在那家店买吗?

热情是一种让人积极向上的精神力量,但这种力量不是凝固不变的,是不稳定的。不同的人,热情程度与表达方式不一样;同一个人,在不同情况下,热情程度与表达方式也不一样。时刻激发出我们的热情,并使之转化为巨大的能量。这种能量就会在我们做任何事情过程中不断地推动着我们前进。

只有做事情有热情才会有积极性，没有了热情只会使我们在生活中产生惰性；使我们做任何事情都提不起劲，都没有激情。所以，在日常生活中，时刻激发出对工作对生活的热情，不论我们所做的事情有多么困难，在我们面前也会是一件非常容易的事。

时刻激发出对生活的热情，生活中任何的事物都会变得美好，相反要是没有了热情，生活中的任何美好事物都成了荒芜的荒漠。

"凤凰卫视"董事局主席在接受采访时说道："凤凰卫视之所以会有今天，是因为有一帮'疯子'在为他们工作，他们疯狂地热爱着自己的工作，每天都对工作充满了热情，他们对工作的热爱达到了一种忘我的境界。在他们疯狂地追求着自己的梦想并在凤凰卫视实现梦想的过程中，无论工作环境多么恶劣，他们也不在乎。只是一心追求自己的梦想，对工作迸发出不可磨灭的热情，有这么一群人为凤凰卫视工作，凤凰卫视能不发展迅速吗？怎么可能不成功呢？"

正是由于凤凰卫视有了这么一群人为它工作，才会让凤凰卫视蓬勃发展，才会让它有了今日的成就。他们每天对工作怀着一份热情，带着这份热情工作，工作起来达到了一种忘我的境界，自然不会畏惧工作中的任何困难，所有的困难在他们这样的精神状态下，也都迎刃而解。

爱默生说："一个人，当他全身心地投入到自己的工作之中，并取得成绩时，他将是快乐而放松的。但是，如果情况相反的话，他的生活则平凡无奇，且可能不得安宁。"

一个充满热情的人，无论做什么事情，他都会认为自己所做的是世界上最神圣、最崇高的；无论多么的困难，他都会始终一丝不苟、不急不躁地去完成。

被称为"成功学之父"的卡耐基把热情称为"内心的神"。他说："一个人成功的因素很多，而热情是这些因素中最重要的。没有热情，就像深陷沼泽一样，无论你有多大的本领，多强的能力，也都发挥不出来。"

我们都有过这样的经历：一旦我们全身心投入到一件事情中，尽管这件事情确实很辛苦，我们也觉得很快乐。即使废寝忘食，也感觉不到劳累，反而对工作充满了干劲，就好像有股无形的力量在推动着自己。

让我们倾注我们所有的热情,去做事情,因为有了热情,我们就有了好的心情,有了好心情即使我们身处荒漠,也会让荒漠成为一片绿洲。

⑤ 永远不要让自己沉沦

德国著名的音乐家贝多芬,在他年轻的时候,他的两个耳朵就什么也听不到了,这个打击对于一个音乐家来说,无疑是一个天大的打击,身为一个音乐家,连声音都听不到,又如何欣赏曲子呢?那比在黑暗之中寻找路还要困难。

然而,这个残酷的现实,并没有让贝多芬就此意志消沉下去,反而却激起了他对音乐世界的向往与追求。他凭着惊人的毅力去努力奋斗,最终他终于克服了自己的缺陷,超越了自己,而成为举世闻名的音乐家。

试想,如果贝多芬因为两耳失聪而就因此意志消沉下去,而放弃音乐,那他又怎么会成为世界著名的音乐家呢?如果他以那种消极的心态去面对生活,那么他还会有什么作为呢?

宝剑,是在不断磨砺中才练就了锐利的刀锋;梅花,是在经历严寒的冬季,经历无数磨难之后,才有了阵香扑鼻。

人生往往也就是这样,有顺有逆,当我们面对顺境的时候,不要迷失自己,相反,我们面对逆境的时候,更是要求我们不要自甘堕落沉沦下去。当我们面对逆境的时候,不要放弃,要鼓起面对生活的勇气,振奋起来,努力使自己摆脱困境。

每个人的人生道路都是坎坷的,没有一个人的人生道路是一帆风顺的。每个人的人生道路都是荆棘丛生。就像我们在黑暗中摸索,也许我们需要在黑暗中摸索很长时间,才能找寻到光明,不过也正是我们经历了黑暗,光明才显得难能可贵;也许我们遭

遇山重水复时，再坚持一下，说不定会柳暗花明呢？那么，我们就应该鼓起勇气，以勇敢者的气魄，坚定而自信地对自己说一声："再试一次！"也许，再试一次，你就会有可能到达成功的彼岸。

只要我们不断地坚持奋斗，我相信，水滴石穿，到最后我们一定能够获得成功。那些在人生中屡战屡败从不放弃的人，最后往往成为最优秀的成功者。懂得失败才会明白成功的意义。人是在失败中不断成长的，失败后再站起来尝试，往往能够取得最后的成功。

1948 年，牛津大学举办一个"成功秘诀"的讲座，他们请到了叱咤政坛多年的英国首相丘吉尔演讲，媒体大肆地宣传和报道，各界人士都翘首以待。

这一天终于到了，会场上汇集了各方人士，他们都想聆听一下丘吉尔的成功秘诀。丘吉尔刚到台上，观众就报以雷鸣般的掌声。

丘吉尔用手势止住大家的掌声后，说："我的成功秘诀有三个：第一是，决不放弃；第二是，决不、决不放弃；第三是，决不、决不、决不放弃！我的演讲结束了。谢谢。"

说完就走下讲台。会场上沉寂了好久，才爆发出热烈的掌声，经久不息。

就像丘吉尔说的那样，其实成功的方法很简单，我们每个人都很清楚，可是一到遇到困难的时候，我们就把那些我们应该做的，全都抛到九霄云外，于是我们就开始放弃了，让自己就这么一直沉沦下去，而最终一事无成。

当我们树立了正确的目标后，就应该付出行动，拿出不达目的誓不罢休的精神。即便我们失败了，也要再爬起来，继续向着它奋斗。否则，我们每次树立目标后，尝试一下失败了，就放弃了，那么这样的人，又怎么可能达到自己的目标呢？

正所谓：有志之人立长志，无志之人常立志。一个人只要拥有决不放弃的勇气和不达目的不罢休的精神，那就没有什么事是办不成的。

在生活中，无论面对什么情况，我们都应该显示出创业的勇气和坚持下去的毅力。永远不让自己沉沦，以一种大无畏的开拓精神，稳步前进在崭新的道路上，在困难面前坚定不移，泰然处之。那么我们怎么可能不成功呢？

6 有一种激情叫做敢于尝试

　　米歇尔·戴尔是一个敢于尝试的人，在他刚满 12 岁的时候，他们全家去钓鱼，他的家人都急着到墨西哥湾钓鱼，而他却在沙滩上，摆弄着钓具，将几个鱼钩拴在一根线上，家人都很不理解。他忙活了一天，才弄好一个奇特的鱼竿，并把鱼竿抛出去，大家都戏弄他说这下他白忙活了，但是当他把鱼线拉起来时，钓的鱼比全家人钓的鱼都多。

　　然而，就在他上大学的一次休假，他突然和他的家人说："我要放弃学业，我要开一家电脑公司和 IBM 竞争。"

　　无论他的父母怎么劝说他，他仍然坚持他的想法，他回到休斯敦，用他所有的存款，开办了一家"戴尔计算机公司"，那年，他刚满 19 岁。

　　随着新学期的日益临近，他的节奏快得简直近乎疯狂。他租了间房子作为办公室，并雇用了一个 28 岁的经理来负责财务和经营管理。公司经营得很好，并且迅速发展壮大。

　　到米歇尔大学同学毕业的时候，他的公司年营业额已达到 7 亿美元。现如今戴尔公司已经成为跨国公司。

　　米歇尔·戴尔经常回忆这样的情景：他告诉他的朋友们，他的梦想就是成为世界上最大的私人电脑制造商，而朋友们当时则认为戴尔是个十足的幻想家，梦想是不会实现的。

　　他说："为什么有机会时不去试一试，去实现你的梦想？"

　　美国人常说的"勇敢里面有天才和魔法，他是和利益挂钩的"，就体现在米歇尔·戴尔的经历中。有了梦想就要敢于去尝试，努力去实现，这样才会成功，相反，有了梦想而

不敢去尝试，不付出行动，那么这永远都只是个想法，永远成不了现实，又怎么可能会成功呢？正是由于米歇尔·戴尔明白了这个道理，他敢于朝着他的想法去做、去尝试，才会实现梦想，所以他才会成功。

荀子曾说："吾尝终日而思矣，不如须臾之所学也。"我们每天都在想，每天都有成千上万个想法，如果我们不尝试着去实践，那想了半天也只是空想，百无一用。这样只会使我们成为思维的巨人，行动的矮子，即所谓的"空想主义者"。

在我们的生活中，当我们遇到一个机会的时候，有人会说："试试看。"有人会说："我看不行，成功无望。"这就是两种不同的人，却产生了两种不同的结果：一个抱着试试看的想法努力去尝试实现梦想，一个却畏首畏尾，只是止步于空想之中，而不去付诸实施。

想到什么就去做什么的那些人，尽管经过自身的努力，虽然没有实现目标，但是，在他们的人生中，不会有遗憾。而那些不时想到一些好点子的人，他们没有胆量去"试一试"。结果，除了遗憾，什么也没有得到。

想象永远不可能成为现实，只有带着一种敢于尝试的激情，才有可能成功，你才向成功迈进一步。

有一家人，他们很穷，经过了几年的省吃俭用之后，他们终于攒够了购买去往澳大利亚的下等舱船票的钱，打算去富足的澳大利亚谋求机会。

为了节省开支，他们在上船之前准备了许多干粮，因为船要在海上航行十几天才能到达。当孩子们看到船上豪华餐厅的美食时都忍不住向父母哀求，希望能够吃上一点，哪怕是残羹剩饭也行。可是父母不希望被那些用餐的人看不起，于是就守住自己所在的舱门口，不让孩子们出去。孩子们只能和父母一样，在整个旅途中都吃自己带的干粮。

其实他们又何尝不想享受一下船上的美食呢？只不过是想到自己的口袋就放弃了。

眼看旅途还有两天就要结束了，可是，他们带的干粮已经吃光了。实在被逼无奈，父亲只好去求服务员赏给他们一家人一些剩饭。听到父亲的哀求，服务员吃惊地说："为什么你们不到餐厅去用餐呢？"父亲回答说："我们根本没有钱。"

"难道您不知道吗?船上的所有食物都免费!"听了服务员的回答,父亲大吃一惊,几乎要跳起来了。

这一家人,他们没有勇气去尝试,如果一开始他们就鼓足勇气去尝试享受一下船上的美食,那么他们还会白白丧失了十几天享受美食的机会吗?他们还会天天啃自己带的干粮了吗?

在现实生活中,由于没有勇气去尝试而无法获得成功的事情又何止他们!也许你几番尝试,最终也不见得就会取得成功,但是如果你不鼓足勇气去尝试,就肯定不会成功,那就永远没有成功的机会。

也许,很多人都在抱怨上苍的不公平,他们恨老天没有给自己成功的机会,可是他们有没有静下心来想一想,是上苍真的没给你机会吗?机会在你面前,你抓住了吗?你的心中有万千的想法,你去尝试了吗?

真正的智者,是每当机会来临的时候,他们总是第一个积极伸手去迎接,尝试去做,他们总是在别人不解时,付出了大量的心血,当别人理解时,他们已经成功了。

做你想做的!因为只有你做了,你才能真正懂得它对你意味着什么,敢于尝试是开启成功大门的钥匙。打开大门,也许成功就在里面等着你。

7　热爱生活的人从不拖延

全世界年度售房冠军霍普金斯,他平均每天销售一幢房子,至今仍是吉尼斯世界纪录的保持者,不但如此,他也是当今世界第一名推销训练大师,他桃李满天下,他的学生在全球超过 500 万人。

当他的事业迎来顶峰的时候,很多人都想知道他的成功秘诀。

一次，有一个人问霍普金斯："请问您成功的秘诀到底是什么？"

他说："马上行动！"

那个人又问："当您遇到困难的时候，请问您都是如何处理的？"

他说："马上行动！"

其他人也问道："当您遇到挫折的时候，您要如何克服？"

他说："马上行动！"

有一次，记者问他："在未来当您遇到瓶颈的时候，您要如何突破？"

他说："马上行动！"

然后记者又问道："假如您要分享您的成功秘诀给全世界每一个人，那您要告诉他们什么？"

他说："马上行动！"

就像霍普金斯说的那样，成功的秘诀其实很简单，那就是：马上行动。但是有些人虽然心中想着无数次的成功，脚步却始终停留在犹豫不决的起点上。总是用各种各样的理由拽着自己前进的脚步不得向前。给自己制造各种问题：我要失败了怎么办？我准备的可能还不够充分，现在也许时机还不到，这样就开始太仓促，等等。

有些人做事没有时间的紧迫感，因为想偷懒而拖延。他们时常想到的是应该怎么去做，但是不马上行动，总是找一些拖延的借口，比如，再休息一会儿吧，明天再做吧，后天做也行，我今天想先睡觉，我先喝一杯咖啡，等等。殊不知，时不我待，今日复明日，明日何其多。

拖延习惯很可怕，它不但耽搁工作的进度，还影响我们走向成功，自己的精神上也会产生很多负担——当日事当日毕。事情既不去做，又不敢忘，都堆在心上，这样往往比别人更加疲劳，更加觉得生活负担重。

做事情要做到有始有终，不要让自己的内心再增加负债感，如果你爱你自己，你热爱生活，那么就不要拖延，给你的生活减少负担。

通用汽车公司的总裁艾尔弗·雷德·斯隆，虽然年纪轻轻却有着过人的才华和智慧，他看到了市场的变化转瞬即逝，人们的眼光也随着发生变化。他想如果通用公司要发展就必须加快研究新型汽车。他刚升任通用公司的总裁时他就以此为目标，加快研制新型轿车的步伐。

而当时，他们的对手福特公司，老福特的长子埃兹尔也感受到了，想到要研制新型汽车，但是这个方案被老福特否定了。

老福特仍然墨守成规，沉浸在他过去的神话之中。他对儿子说："我们现在的 T 型车销售得很好，我不打算开发什么新车，拖一拖再说吧！"

就这样，通用汽车在市场上一度走红，受到消费者的青睐，市场占有率一度飙升，而福特汽车的占有率却每况愈下。

正是由于通用汽车公司的总裁斯隆，他看到了人们眼光的变化，而想到要研制新型轿车，他想到后没有拖延，立即着手去实施，才让通用汽车在市场上的占有率一度飙升，创造了通用汽车的一个神话。

相反，福特汽车公司的总裁老福特，他收到儿子的提议后却压制他的儿子，拖延了埃兹尔的想法的实施，以致导致福特公司汽车的占有率每况愈下，成为老福特辉煌一生中的一次严重失误。就是因为他的失误，将福特汽车公司奋斗多年的来之不易的市场份额拱手让给了自己的对手。至于代价只有老福特自己心里明白。

其实，在现实生活中很多人都有这样的毛病，做事情总是能拖就拖，不仅让别人心情总是不愉快，而且他们自己也总感觉疲乏，因为没有做完的工作不断给他压迫感，总感觉有做不完的事，总会感到时间不够用，总被时间追得身心疲惫。

相反，如果没有拖延毛病的人，他们每天都给自己设定一个目标，然后立即实施，做事情井井有条，没有时间的压迫每天都很轻松，都很快乐。

如果你热爱你的生活，那就要不要拖延，给你的心灵之舟减少一些负担，让它轻松地航行，你会发现在没有被时间追着的情况下，你的生活也会很轻松。

8 幸福就是攀登人生的高峰

乔布斯是苹果计算机公司的创始人之一，他开发计算机是基于想要把计算机的力量放到普通市民的手中的想法，后来由于苹果公司内部的变故，他被迫离开了苹果公司。那时他已经很富有，并且已经成为一个传奇式的人物，可以说他当时是名利双收。就凭乔布斯这个名号也完全可以让他颐养天年。

可是乔布斯并没有因此而放弃继续努力，他组建了内克斯特公司，并且把公司做强做大，成为计算机领域内最为强大的竞争者之一，他无视那些计算机硬件工作中的竞争，而是以自己独特的方式发展着。

然而，这样也并没有让乔布斯就此满足，而停止前进的脚步，他接着又组建了"皮克斯电影制片公司"，制作了《玩具总动员》这部划时代的电影。他的电影公司也在逐步发展壮大，他说："我要向全世界证明，皮克斯是世界级的动画片公司。"又为他的人生定了又一个高峰。

乔布斯就像一个攀登者一样，从来都没有停止自己前进的脚步，攀登着他人生中的一个又一个高峰。他从不就此而满足，因为在他的眼里没有最好，只有更好。所以他不断地努力，勇攀他人生的高峰，乔布斯不仅是成功的，更是幸福的。

一个幸福的人，他首先必须成为一个攀登者，在不懈奋斗的过程中，幸福自然会来到他的身边。

因为，一切的艰难困苦，在攀登者看来都显得那么的微不足道，他们不在乎山顶上是否有好的风景，他们攀登也不仅仅只是为了爬上一个单纯的顶峰。真正诱惑他们的是体会攀登过程中的快乐。他们把攀登看做是上天赐予他们的礼物，他们享受礼物带给他们的快乐。

世人皆知,攀登是非常辛苦的,在攀登的路上,不仅有那无数的坎坷,而且还要对抗恶劣的自然环境。当他们在遭遇逆境的时候,他们从不气馁,而是在困难中奋勇前进,永不言败。

人生就是一个个的高峰,只有我们不断地向上攀登,我们才会成功,虽然我们在攀登过程中可能会付出惨痛的代价,但同时我们也是幸福的。

劳·荷尔兹是美国诺特拉·丹蒙足球队的教练,他从来都不能容忍借口和不行动。他小时候家境贫寒,并且他还患有很严重的口吃,因此他不敢在公共场所讲话,甚至连口语课都不敢上。

一天,他给自己确定了 107 个目标:与美国总统进餐、漂流沱河、会见波普、跳伞中尽量延长张伞的时间、作诺特·丹蒙队的教练、取得年度冠军和锦标赛冠军,等等。

如今,他的 107 个目标已经快完成了。在这过程中,他不仅获得声誉,还拥有了自己用语言表达一切的能力。他不断地争取胜利。最后,他不仅战胜了自己的困难,还拥有了许多我们认为不可能的东西。

没有哪个人的人生是完美的,但是我们可以努力使我们的人生变得幸福,这就要求我们不断地攀登人生中的高峰,在攀登高峰的过程中,体会人生的酸甜苦辣,就像劳·荷尔兹一样,为自己设定一个又一个高峰,到最后他发现,他获得的不仅是荣誉,还有一些我们曾经认为不可能的东西。

其实我们就像是一个攀登者一样,攀登着我们的一个又一个高峰,这就要求我们要善于迎接挑战,在遇到困境的时候自我鼓励。努力奋斗获得生命的辉煌。

我们的目标就是,把一个个不可能变成可能,取得一个又一个胜利。人生就像登山一样,有些人登到顶峰,自认为不会再有突破,于是从山巅跳下;有些人回头,沿着原来的路,一步步走下去。还有一些人,抬头远眺,看看有没有其他可以征服的山头,然后,走下这座山,登向那座山。

人生其实就是这样,总是在克服一个又一个困难,攀登一个又一个高峰。当我们爬到山顶的时候,我们会发现,我们取得的不仅仅只有成功,还有幸福。

第4堂课
不奢望得不到的，只看自己拥有的
——感恩知足才会被幸福垂青

　　幸福是什么？它不是拥有富可敌国的财产，也不是成为九五之尊，而是一种感恩知足的心态。

　　在生活中，并不是我们拥有得越多就越幸福，有些人富可敌国，但是他仍然不满足，那么幸福就会与他擦肩而过。相反，虽然有些人，身无一物但他却非常感激上天赐给他的每一份礼物，幸福反而经常降临到他的身上。

① 幸福就是珍惜目前所拥有的

张兰和李宇在中学的时候是一个班上的同学,张兰不但人长得很漂亮,而且父母都是教师,张兰学习成绩也很好。从那个时候起,李宇便喜欢上了这个女生。因为当时还在上学,所以李宇没有向张兰表白,只是暗恋着。上了大学之后,两个人同时考上了省城里的同一所大学,李宇想:张兰和我肯定会携手步入婚姻的殿堂。

没过多久,张兰就有了男朋友,但这个人不是李宇。时间过得真快,转眼4年已经过去。在他们毕业后,张兰就和他的男朋友结婚了。看着自己迷恋这么多年的人结婚,李宇不免有些郁闷,于是在报复心理的作怪下,他选择了和一个认识不到半年的女人结了婚,即使父母很反对,李宇也不顾这些。

结婚后,李宇把所有的精力都放在了事业上,经过多年的打拼,他的生活好了起来,可是在他心里一直放不下张兰,所以夫妻间的感情很淡漠。李宇每次回到家中,总是和妻子保持着一段距离,有时候甚至为了一件芝麻大的事情,就大打出手,双方终于无法忍受彼此,最终,这场婚姻终于以失败而告终。

痛定思痛,李宇终于反省了,自己不能活在过去里面,因为过去的东西再美,都已经不存在了,只有珍惜眼前所拥有的,才会得到真正的幸福。后来,经朋友的介绍,李宇又和一个结过婚的女人结了婚。因为有了上一次婚姻失败的教训,李宇把张兰给忘掉了,把更多的时间用在了眼前这位妻子身上。从此,小两口过着幸福而甜蜜的生活。

李宇就是因为忘记不了过去,又不能珍惜眼前人,从而错过了第一次婚姻的幸福,到后来他才明白,珍惜他眼前人的道理,他才又过上了幸福的生活。

其实幸福很简单,那就是好好珍惜你目前所拥有的。李宇正是因为没有放下他的初恋情人,所以在第一次结婚的时候,没有好好珍惜这份姻缘,最终他的婚姻以失败告终。

可能你没感受到自己拥有什么,也没感受到什么是幸福,但请你仔细想一下,在我们身边有多少人正在关心和呵护着我们,要是没有亲人的呵护,没有朋友的帮助,当我们遇到困难的时候,有多少人能够挺得住?同时,也正是因为有他们的存在,我们才会感到幸福,所以我们要好好珍惜他们。怀着一颗感恩的心,经常感谢那些曾经帮助我们的人,这也是一种幸福。

当拥有的时候,我们会觉得很平常、很普通,认为别人对自己的爱都是应该的,而且永远都会如此应该,于是忽略了感恩,不好好地珍惜眼前这份幸福。毫无疑问,这种想法是不可取的,因为当别人在为我们做一件事情的时候,我们只有理解了别人的苦心,才会懂得回报,回报的时候就收获了一份幸福。

孔子曾经说过"子欲养而亲不待",就是在告诫我们:当亲人还健在的时候,我们要尽自己最大的能力去报答、关心、孝顺他们,不要等失去以后才懂得珍惜,才去后悔,否则,到那时什么都晚了。

季雨在很小的时候,母亲就去世了,父亲好不容易把他给拉扯大。长大后,他不顾父亲的强烈反对,毅然来到广州闯荡,由于能力比较强,没过多久就闯荡出了一番自己的事业,就在他人生得意的时候,却传来了一个不好的消息:父亲在老家患上了重病,叫他赶快回去一趟。

在他得知父亲病重消息的时候,他正忙着生意上的事情,抽不开身。

于是,他就打电话给堂兄,让堂兄去看看父亲。可是就在第二天,堂兄打来电话告诉他:"伯父不在了!"这个消息犹如一个晴天霹雳,把季雨给震倒了。

从此以后,他一想到父亲就会大哭起来,并陷入到无尽的痛苦之中。

人生再大的遗憾也莫过于此:树欲静而风不止,子欲养而亲不待。我们总是想着等我们功成名就,衣锦还乡的时候再回家承欢于父母膝下,可是岁月不饶人,就算我们能等到那一天,而他们呢?也许他们在的时候,我们不去珍惜,不去理会,可一旦他们去了,留给我们的将是终生的遗憾。

父母对我们的爱是无私的，当接到从老家打电话过来的时候，虽说每次电话里面的内容，都是那一套说了无数遍的叮嘱，不过，每一次当父母说起的时候，心头仍会涌起一股暖流，其实眼前的这股暖流，正是他们用那厚重的爱带给我们的幸福。我们要珍惜这份幸福，并且还要学会感恩。千万不要和季雨那样，错失掉见到父亲最后一面的机会，从而遗憾终生。

俄国作家屠格涅夫说过："幸福没有明天，它甚至也没有昨天，它既不回忆过去，也不去想将来，它只有现在。其实，幸福就在我们的身边，就是我们目前所拥有的，它可能是父母的唠叨或抱怨，如果当我们拥有它的时候不去好好珍惜，等到失去后追悔，到那时，一切都已经晚了。昨天已经成为过去，明天还没有来到，只有今天才真正地属于我们，所以珍惜我们目前所拥有的，才是最现实幸福，这也是最大的幸福。"

如果你懂得珍惜并经常感谢目前所拥有的话，那么相信你一定会是幸福的！

② 用一颗感恩的心看世界

金融危机来了，小王所在的公司倒闭了。没有了工作，对于小王和他的家庭打击都是巨大的：母亲现在正在医院接受治疗，数额庞大的医疗费，把小王给逼得快要疯了。屋漏偏逢连夜雨，他的妻子身怀六甲，临盆在即，这一切都是钱啊！

对他这个普通的工人来说，生活的压力可想而知。在那段灰色的日子里，他的脸上写满了失落。虽然心情无比郁闷，可是这样下去，是不能解决问题的，所以他骑着破旧的自行车，在城市里转来转去地找工作。

一天傍晚，小王和往常一样，在找了一天工作无果后，骑着自行车行驶在回家的路上，骑着骑着，他看见有一个老太太正在路边坐着，于是他停了下来，并主动问她需要帮助吗？

老太太点了点头，说她迷路了。在这么偏僻的地方，一个老人要是在马路边过夜的话，后果是不堪设想的。于是，小王上前问过了地址之后，决定把她送回家。

小王足足骑了 3 个小时的自行车，才把老太太给送到家中，老太太的家人非常感激，于是拿出 300 元钱给他，虽然他现在非常需要钱，但他还是拒绝了老太太家人的好意。并对他的家人说："别人有难就去帮忙，这是我做人的一个准则！"

回到家后，这种感恩的情绪感染了他。本来对生活和工作都已经失去了信心，现在他又重新找回了信心，同时想法也改变了：每个人都会有困难和挫折，如果能用一颗感恩的心去看待它，会让我们重新对这个世界充满信心。没过多久，他就找到了一份不错的工作。

人生从来不会顺畅无阻，难免遇到各种各样的挫折和失败，假如我们一味地埋怨，肯定会让我们自己变得情绪消沉、委靡不振。反之，假如拥有一颗感恩的心，就像上面故事里的小王那样，换种角度看待这种失意和不幸，就会看见一个生机勃勃的世界，在这个世界里，每一天都是春天，每一天都充满着希望。

拥有一颗感恩的心，能让我们得到更多的快乐和幸福。懂得感恩，自然也就多了一份尊重，这在接人待物的时候，我们就会加倍珍惜身边的人和物。这个世界上一切都转瞬即逝，要是在它们消失之前，我们怀着一颗感恩的心来对待它，最起码我们不会在以后回忆起来的时候叹息，没准当你回忆的时候，嘴角还会挂上一缕笑意，这无疑是一件幸福的事情。

也有人说，忘记感恩是人的一大天性，因为这个世界上每天都有那么多的人在抱怨。上学的时候总是抱怨，学习太累，作业太多；参加工作了，又说世界太残酷，付出和得到的不成正比。显然，这样想是不对的。

其实，我们还能在这个世界上好好活着，没有病痛和困苦，就已经幸福了。之所以会对现实世界感到残酷，是因为我们不知如何来感受这个世界了，已经变得麻木了，而不是说付出了就不会有回报，也许有时付出与回报不成正比，但我们不能就此对这个世界失去了感恩之心。当我们来到这个世界上的时候，什么都没有贡献过，可我们就开始享受了已有的科技、文化了。所以，我们不能忘记感恩。

英国著名作家萨克雷说过："生活就像是一面镜子，你对它笑，它也对你笑。"同样，你要是感恩生活的话，生活也会赐予你幸福的阳光，所以说，感恩是一种赞美生活的方式，它可以使你对生活充满爱与希望。

有一次，美国前总统罗斯福的家里闯进了一个小偷，偷走了很多东西。罗斯福的一位朋友听说后，赶忙写信来劝慰他。

罗斯福看完朋友的来信后，写了一封回信："亲爱的朋友，非常感谢你来信劝慰我，我现在很好，请你放心。我要感谢上帝：第一，小偷偷走的是我的东西，而不是我的生命；第二，那个小偷只偷走了我一部分东西，而并不是全部；第三，最值得庆幸的是，做坏事的是他，而不是我。"

如果我们能像罗斯福那样，常常用一颗感恩的心来看世界，那么你肯定会发现：这个世界真是太美好了！小鸟在轻声歌唱着，清澈的泉水，孩子天真无邪的笑脸，这一切是多么美妙啊！一个懂得感恩的人是天下最幸福的人。

③ 不攀不比，生活更精彩

一天一个农夫上山去砍柴，在一块石头上看见了一只受伤的鸟，这只鸟身上的羽毛发着银色的光芒。农夫看到后，非常高兴，于是就把这只鸟给带回了家里。在他的精心照料下，没过多久，小鸟就康复了。

这不是一只普通的小鸟，它通人性。为了报答救命恩人，小鸟每天都给农夫唱美妙的歌曲听。和小鸟在一起的这段日子，让他感到无比的快乐，常常在心中叹道："啊，这是我一辈子最快乐的时光啦!"

邻居们听说了小鸟的故事后,纷纷来到农夫家里观看。其中有一个邻居看完后,对农夫说:"我之前看过更漂亮的鸟,那只鸟浑身都是金色的羽毛"!农夫听后,对此深信不疑,并且从此开始整天想着那只金色的鸟,对这只银色的鸟失去了宠爱。这时候他的生活已经不再那么快乐了。

银色的鸟见农夫对自己的歌声不再感兴趣了,于是就决定离开。那是一个傍晚,夕阳的余晖洒在地上,像是给大地铺了一层金色的地毯,它飞到农夫的面前,和农夫道别,农夫闭着眼睛,然后长长地叹了一口气:"你羽毛虽然很漂亮,不过要是与金色的鸟比起来,还差得远呢!"银色的鸟听完后,唱起了悲伤的歌,然后向着夕阳的方向飞走了。

等农夫睁开眼睛看它的时候,看见了天空上飞着一只唱着歌的金鸟,而且那歌声是那么熟悉,突然间农夫意识到,原来天上飞的这只金鸟就是以前曾给他带来无比欢乐的银鸟。农夫拼命地呼唤那只鸟,只不过它已经飞得很远啦。

农夫因为盲目地攀比,从而失去了那只快乐的小鸟。我们经常会和这位农夫一样,因为一句毫无根据的话,就盲目地攀比,从而失去了原本属于自己的快乐生活。

很多父母都喜欢拿自己的孩子去和别人家的孩子进行比较,看到别人家的孩子正在学习乐器,于是回到家后,也不问孩子对此感不感兴趣,就拉上他去学习,这样一来,孩子本来学习成绩还不错,不过这么一搅和,却让孩子对此感到了厌烦,非但没有学会一件乐器,而且还和父母疏远了。

天天幻想着成为别人,就会迷失了自己。生活在这样一个大千世界里,我们每一个人都有自己的一份人格魅力,当我们有时候把它拿出来,盲目地去和别人攀比的时候,其实就相当于把自己的那份独特魅力给扔掉了,如此一来,便不会再有特殊的人格魅力存在了。受这些肤浅的羡慕和无聊的攀比影响,就好像终日生活在他人的阴影中,这是一件多么悲哀的事情啊!

所以,在生活中我们不要有攀比的心态,要学会接受自己。一个人要是总是和别人比来比去,羡慕别人的生活,就会给自己造成混乱和迷茫,使自己的内心不得安宁。与别人比的代价，常常是失去自我。要想享受人生中的那些快乐，有一点非常重要，那就是"不比为贵"。

著名华裔数学家王章程，在22岁时从美国加州大学毕业，毕业以后，有很多同学为了能赚到更多的钱，选择去了那些大公司和大集团。

王章程却选择了一家数学研究室，因为研究室是私人的，所以工资收入非常低，到30岁的时候还不能买得起房子。和他一起毕业的同学们，那时候月收入已经达到了几十万美元，有的甚至已经成为月收入上百万美元的小老板。当他们开着高档车子，带着漂亮的妻子从王章程身边经过的时候，王章程没有羡慕别人，而是继续专注于自己的事业。

虽然他的生活和别人不在一个等级上，但是他本人对此看得很淡，就这样，在那个小小的研究室里面，默默地做着自己的事业。终于在35岁的时候，他一举攻克了两道世界级数学难题，从此成果丰硕，成为著名的数学家。

在这个处处讲究包装的社会里生活，我们常常为了追求一个华丽的外表，就会做出背叛内心的举动，这一点其实就是我们的虚荣心在作怪。虚荣心是人天生的一个特点，会指使我们不知不觉地与别人进行比较，当我们看到别人光鲜华丽外表的时候，总对自己不如别人的地方耿耿于怀，于是就会产生出自卑的情绪，让自己的内心感到不平衡。

其实，每个人的社会分工都是不同的，我们没有必要去和别人进行比较，在我们羡慕别人某项能力的时候，没准别人也在为我们的某项本领而叫好呢。我们只有相互欣赏和理解，才能从别人的身上学习到好的东西，取长补短，互相进步。

我们一定要学会不攀不比，活在属于自己当下的角色里，活出属于自己的那份精彩。

④ 养成感恩的习惯

最近小王一直在忙着找工作的事，在得知一家非常著名的公司正在招聘的消息后，他前来应聘。经过层层考核后，最终只有他和4位应聘者通过了公司的面试，可最后谁能来上班，还要等公司的电话通知，于是这5个人就在家里等消息。

几天后，小王收到了一封电子邮件，他就满心期盼地打开那封邮件，里面的内容却是："非常不好意思，因为名额有限，我们没能选择你。为感谢你对我们的信任，随信寄去公司详细资料一份，以后要是有机会的话，我们会优先考虑你。祝你好运！"

小王得知自己落聘的消息后，心情有点失落，不过还是顺手写了封回复邮件，以表感谢。

一个星期后，就连小王也没想到，他接到了那家公司打来的电话，告诉他已经被正式录用为该公司职员。

原来，该公司最后的一道考题，就是把相同内容的邮件都发给了他们5位经过面试的人，看看5个人里面谁会给予回复，而5个人里面只有小王回复了。其实，小王的胜出，只不过是顺手的一次感谢。

有时候，一个小小的感恩习惯就会让我们收获一份意想不到的惊喜。小王即使在失落的情绪里，也能怀有一颗感恩的心，说明感恩已经成为他日常生活中的一种习惯，正是这样一种习惯，让他赢得了一次工作的机会。由此可见，要是能把感恩变成是一种习惯，那么我们一定会收获到一份意外的幸福。

有这样一句格言："播种行为，收获习惯；播种习惯，收获性格；播种性格，收获命运。"要是把这一点用在感恩上面的话，是非常合适的，所以我们要想养成感恩的习惯，

就要先从行动开始。

去感谢朋友，在我们最为困难的时候，曾给予过我们帮助，让我们顺利地走出人生低谷。去感谢大自然，它给我们带来了无数靓丽的风景，让我们能够感受到世界的多彩。在生活里面的每一天，我们都要带着感恩的情怀，学会宽容，学会付出，懂得回报，每一天都是幸福的生活。用微笑去对待每一天，用微笑去对待世界，对待自然，对待朋友，对待困难。

然而，有多少人能把感恩看成是一种习惯呢?那些成就非凡的人，不一定有一颗感恩之心，在他们眼里，职位与钱是得之必然的，不需要感激，这样的人，即使成功了，也不能收获真正的幸福。相比之下，有些人可能生活在底层，会遇到很多困难，不过他们对每一点点收获都感到满足，并对所得到的心存感激，从此开始不断打拼，不断收获，不断感激，于是感恩的习惯也就随即形成。

当感恩成为一个习惯的时候，在你的性格里面，就会注入了一股神奇的力量。当你遇到艰难险阻的时候，这股神奇的力量能助你突破这些险阻，因为它可以让我们感到生活的美好，牢牢把握住自己掌中的幸福，进而悲观开始慢慢地脱离我们，这时就会看见万物美好的那一面，当我们再次遭遇那些艰难险阻的时候，会积极乐观地面对，有了这样一个良好的心态，成功是迟早的事情。

感恩也是心灵的一种习惯。在狂妄人的心灵里面，挤满了自我和利益，没有留一点余地给感恩，他们不能听到小鸟的歌唱，因为他们心里面没有给小鸟留地方，这也就失去了聆听鸟儿唱歌的机会。反之，在一个懂得感恩人的心灵里面，一生中不知欣赏过多少美景，品尝过多少甘甜的泉水。慢慢地在他们心灵里面就会形成一个懂得感恩的机制，这种机制就是习惯，我们在感恩这个习惯中，收获到了幸福。

养成感恩这样的习惯，不是只做一件感恩的事情就能达到的，他需要我们一点一滴地积累，同时感恩并不停留在言辞和心愿上，要靠我们去实施。

有一位妻子，她为丈夫的事业操劳了大半辈子，可丈夫从来没对她表示过任何的感激，就连一朵花也没有送过她。有一天，她和丈夫说:"如果有一天，我先死了，你会不会买一朵花放在我的墓前呢?"

丈夫感到很惊讶:"肯定会啊!快睡觉吧,不要乱扯。"

妻子严肃地说:"不如趁我还活着的时候,送我一朵吧,要是等到我死的时候,再多的鲜花都已经不再有意义了。"

有时候一朵花就可以给对方带来满怀温暖。我们不要因为这样的一个小小的方式感到害羞或者难堪,从一句"辛苦了"、"谢谢"开始培养我们的感恩,积少成多,从小到大,慢慢地感恩就会成为一种习惯。

总之,只要我们把感恩培养成了一种习惯,那么幸福将是无处不在的。

5 懂得知足,内心才会富足

有一位富翁,拥有数不尽的财富,什么也不用发愁,按理说,他应该过得很幸福。其实不然,富翁也想知道自己不幸福的原因,于是他就到处寻找那些幸福的人,然后从他们身上找到幸福的原因。

一天,他经过一位农夫的家里,听见从农夫家里传来一阵阵爽耳的笑声。于是,他就前去探明究竟。进屋后,他问农夫为什么会如此快乐,农夫答道:"我现在有一间草屋住,不愁吃喝,而且我还有贤惠的妻子和可爱的儿子,这么美满的生活,你说我能不幸福吗?"

富翁听后,还是不明白。回到家后,富翁就和妻子说出了农夫的事,妻子听后,对他说:"我认为这个农夫还没有成为99一族。"

富翁诧异地问道:"什么是99一族呢?"

妻子回答说:"你先准备一个装满99枚金币的包, 然后再把这个包放在农夫的家门口，很快您就可以把这件事情给弄明白了。"

富翁按照妻子说的去做，叫人把包放在了农夫家的门口。当农夫回家的时候，发现了这个包，他把包打开后非常高兴：这么多的金币！一枚一枚地数了三遍，发现每一次都是99枚。然后开始纳闷：怎么会只有这99枚啊？应该是100枚才对啊，那一枚掉到哪里去了？于是他开始满院子地寻找那枚金币，可最终还是没有找到，这使他的心一直悬着，就连晚上睡觉都在想着那枚金币。

第二天，为了能尽快挣回那一枚金币，他开始拼命工作。如此一来，他把所有的时间都投入到了工作之中，对妻子和孩子很少理会，慢慢地，在那个曾经幸福无比的院子里面，失去了笑声。

富翁对此感到不解："他一下子得到了那么多的金币，为什么会变成这样呢？"

这时，妻子说："现在，那个农夫也是99一族了，他们为了能尽早地实现那个'100'，放弃了原本幸福和快乐的生活，从而竭尽全力地去寻找那个毫无意义的'1'。不惜付出失去幸福的代价，这就是99一族的人，其实他们原本拥有很多，但是却不懂得知足。"

一个人的幸福与否，和富贵、贫穷是没有关系的，重要的是我们内心是否感到知足。农夫本来可以安稳地过着快乐的日子，可当他面对99枚金币的时候，内心那份满足感丢失了，仅仅为了那1枚金币，就失去了原本属于他的幸福生活。这正是应了那句俗语："知足者贫穷亦乐，不知足者富贵亦忧。"

无独有偶，在《老子·俭欲》里有这样一句话："罪莫大于可欲，祸莫大于不知足；咎莫大于欲得。故知足之足，常足。"这句话的意思是：即使天大的罪恶也大不过"放纵欲望"，即使天大的祸患也大不过"不知满足"，即使天大的过失也大不过"贪得无厌"。所以说，内心懂得满足的人，会永远感到幸福。事实上，我们经常说的"知足常乐"就是出自于这句话。

可见，古人认为一个人要想得到快乐和幸福的生活，需要有一颗"知足"的心，如果要是没有知足这颗心的话，那么即使你富可敌国，功成名就，可是因为对什么都感觉不到满足，最后还是和没有得到一样。那么，为什么会这样呢?

大家都知道，那些羁绊着我们心灵的是欲望，要是欲望得不到满足的话，我们就不会得到幸福。反之，如果我们要是能够对现在所拥有的感到知足，也就等于削减了那些欲望，幸福自然也就会如期而至了。可是，在我们日常生活中，常常为了能够再多得到一些，就忽略掉了这个道理。

为了能让我们的人生丰富多彩，我们会去努力地奋斗——去赢得金钱、爱情和理想，现在有许多人已经拥有了这些，可他们还想获得更多:有了一辆国产汽车的，想着再得到一辆保时捷;月收入过万的，想着自己能收入百万……在这个世界里面，"美好的东西"实在是太多了，我们总想着得到得再多一些。就在你贪婪地占有时，那颗"知足"的心已经烂掉了。

反过来说，一个人只有懂得知足，内心才会变得富足。物质的贫穷是不可怕的，因为我们可以通过努力奋斗，过上充裕的生活，可要是内心贫穷的话，是非常可怕的，因为它会像无底洞那样，让你永远也没有办法把它给填平，这样我们的内心就不会感到知足，从而也就永远体会不到幸福的味道了。

6 活着，本身就是一种幸福

有个小伙子，过着无忧无虑的生活，可是他并不喜欢这种生活，反而对这种平淡的生活，感到无聊和厌倦。为了寻求刺激，他报名参加了一个极具挑战性的游戏。

这个游戏就是山洞求生，游戏的规则是:一个人在山洞里面生活，除了每天给他提供5千克的水以外，别的什么也没有。游戏的时间为连续5个昼夜。

第一天，青年感觉游戏很刺激、很好玩。

到了第二天，因为山洞里面没有光和火，所以在里面什么也不能看见，孤独和恐惧装满了整个山洞。这个时候，小伙子开始回忆起了以前的生活。

想起了老母亲从老家不远千里赶来，只为了看看生病的小孙子；想起了相伴多年的妻子为自己做的饭；想起了儿子淘气时可爱的样子；他还想起了一位曾与自己发生过争执的同事，后来为自己买过的一份工作餐……慢慢地，他开始反思起平日生活来，发现自己每天都懒懒散散，对一些事情总是得过且过，不懂得感激别人。

第三天，他几乎快要坚持不住了，不过当他想到人世间的美好，心中便充满了光明。就这样，5 天终于过去了。当阳光照射进来的那一刻，他看见：白云在蓝天上自由地飘荡着，下面是青山绿水，中间还有鸟语花香。于是脸上又出现了久违的笑容。

生命是最为珍贵和美好的，因为它只有一次，可是当我们处于平安的时候，却常常忽略了这一点，也许只有那些经历过生死考验的人，才能真正体会到这一点。上面故事里面的那个小伙子，经过 5 天的考验后，在山洞里面走出来时，心中最想说的一句话就应该是："活着，真好！"

可是现在有很多人不懂得去珍惜它。当我们每天翻开报纸、打开电视后，有多少条不幸的消息：酒后驾车、自杀、开快车、吸毒，等等。他们为什么要如此糟蹋自己的生命？这些不懂得珍惜生命的人，是多么可悲啊！

其实活着，本身就是一种幸福。请不要再为那些繁杂的琐事而纠葛，那些都只不过是生活中的一个小插曲，只要活着，就代表着我们还有追求幸福的资本和契机，把那些烦人的琐事扔掉一边去吧！虽然有很多事情不是我们所能左右的，不过在我们还拥有鲜活生命的今天，至少可以做到珍惜生命。

汶川地震期间，有一个男子已经在废墟里面困了 50 个小时，当搜救人员赶到的时候，他们看见有一块巨大的石板压住了他的左腿，这给这次救援行动增加了难度，因为就在这块石板之上，有一栋摇摇欲坠的楼房。如果把这块石板给移动开的话，就有可能会让整栋房子都塌掉，后果是不堪设想的。站在一旁的妻子哭喊着："求求你们，快救救他，他千万不能死！"

最后,男子被成功地救出,只不过,他永远也不会再长出一条左腿了。

有媒体再次去采访这名男子时,男子看起来一点也不悲伤,脸上反而洋溢着幸福的气息。他对媒体说过这样一句话:"虽然我失去了一条腿,不过我还活着啊,这对我来说就是最大的幸福!"

"我还活着,这对我来说就是最大的幸福",多么好的一句话啊!因此人活着首先要懂得珍惜,珍惜目前所拥有的一切,或许你正在经历挫折,或许你正在享受快乐,这些都是你真正的财富。挫折可以锻炼我们的品质,让我们变得更加坚强。快乐可以让我们拥有一个良好的心情,更加有利于我们去寻找幸福的生活。

也是在汶川地震中,作家李西闽被困在废墟里面 76 个小时,获救后,他在病床上用一只手创作了《幸存者》,其中里面有这样一段话:"你是一个幸运的生命,你还活着,还可以吃饭,还可以喝水,还可以看到高远的天空和人间景象,还可以和别人握手,感觉到人体的温暖和无声的爱……"

所以人活着还要懂得感恩,感谢你身边的每一个人,无论这个人是好人还是坏人。感谢好人,因为好人曾在我们最困难的时候,帮助过我们。同时也要感谢那些坏人,因为正是有他们的存在,我们才看见了生活那阴暗的一面,让我们时刻保持警惕着,以免下次再度受伤。

活着就是要幸福,寻找幸福就是活着的理由。有些人在为自己活着,也有些人在为别人而活着,可两者无论是哪一个,只要感到快乐了,那么他就是幸福的。因为只有在我们好好活着的前提下,才有资本去寻找幸福的源头。

因此,在漫长的人生道路上,我们要时刻珍惜生命,只有这样,我们才能获得一个幸福的人生。

7 生活之美等待你的发现

在一个感恩节的早上，一对年轻的夫妇极不愿意起床，因为他们不知道该如何度过这一天，他们实在是穷得太可怜了，就连简单的食物都快要吃不上了，更别说一顿丰盛的节日餐了。

就在这时，外面传来一阵敲门声。男孩起床去开门，看见有一个人手里正提着一个篮子：一只火鸡，还有配料、厚饼、甜薯及各种罐头等，全是感恩节大餐不可或缺的。男人当时就愣住了，提篮子那人随即开口说："感恩节快乐！"

几年过后，他们的生活有了改观，虽然不是特别富足，不过已经不再为生活问题而担忧了。又是一个感恩节的早晨，他穿上一条老旧的衣服，伪装成一个送货员，像多年前一样，他敲开了一个穷人家的门，然后开口说道："感恩节快乐！"接着他便从车里拿出装满了食物的袋子和盒子，里面有火鸡、配料、厚饼、甜薯和罐头。

见到这番景象，那个女人当场也愣住了："哦，我的天啊，你一定是上帝派来的！"男人笑了笑，掏出了一张纸条，上面写着："我是你们的一位朋友，祝你感恩节快乐！今后你们若是有能力，就请同样把这样的礼物转送给其他有需要的人。"

为什么要反复地强调感恩？因为它是一种很值得提倡的心态，同时我们要想获得这种心态，也不是一件容易的事情。很多时候，我们在这一刻还满心温暖，对自己拥有的一切还能感到珍惜和满足，可是在下一刻的时候，就可能会因为一件琐事而心烦气躁，于是开始埋怨、诅咒，也许我们不会把这些说出口，不过心里会嘀咕：这个世界上，哪有那么多值得感激的事情呢？有时当我们决定开始感恩的时候，还会这样问自己：好像没有可以感谢的。

所以,我们必须清楚地知道:要感恩,一定要发自内心。

可话又说回来,毕竟我们要面对的事情,不快乐的总比快乐的要多,因为人生不如意的地方十之八九,这时候我们需要换个角度来看它,大作家契诃夫说过:"要是你的手指头扎了一根刺,那你应当高兴,因为这根刺没扎在你的眼睛里。要是你的火柴在衣袋里燃烧起来了,那你应当高兴,因为你的衣袋不是火药库。"可见,要是换一种角度看问题,那些不快乐的也可以看出其中的美好和感激来。这么一来,就是再没有可感激的事情,也能从这个角度被找到。

曾经有一个心理学家,做了一个很有意思的实验。她要求每一个前来参加实验的人,在一周的最后一天,把自己下一周的所有"烦恼"都给写下来,写完后交给她,她把这些写满"烦恼"的纸条,全部都投入到了一个"烦恼箱"里面,3周以后再打开,然后看看有多少人写对了。

3周的时间很快就过去了。她和那些写纸条的人一起打开了"烦恼箱",并让这些人重新审核一下这些"烦恼"。她经过统计发现:有90%的"烦恼"并没有真正发生,紧接着,她又让实验者把剩下的那10%写上纸条,再一次投入到"烦恼箱"里面。

又过了3周,心理学家和他们一起把"烦恼箱"打开了,这次她发现:那些曾经的"烦恼"已经不再是"烦恼"了。

有很多人没有办法去感恩,这是因为他们跌进了烦恼所设的陷阱里面。如果他们明白烦恼都是自找的话,还会整天顾虑重重,从而忘记感激拥有的一切吗?其实,烦恼这东西是预想的很多,出现的则很少。当我们把烦恼的虚假迷雾拨开之后,就会看见周围的一切充满阳光和幸福,这一切多么值得我们去感激呀!

没错,生活中有很多事值得去感恩,只要我们有一双乐观主义的眼睛,慢慢地你就会发现:感恩就在与亲人和朋友相处的时候,和爱人的一次亲吻,甚至一部好电影和一顿美食之中,这些都是那么美好,值得我们去珍惜。拿一些时间出来,对生活感恩,你会体会到那些稍纵即逝的美好与感动。

8 放弃苛求完美的冲动

有两只挑水用的桶，一只完好无损，装满水后，会一滴也不洒地回到家里。而另一只水桶，则因为身上有几个小洞，每次回到家时，都只剩下半桶水，为此它感到非常地难过：因为同样是在为主人干活，可是它的功劳却只有另一只桶的一半。

有一天它终于忍不住地向主人说："我感到很惭愧，必须向您道歉。"

主人说："为什么你会感到惭愧呢？"

"每次我和我的同伴一起挑水回到家后，它会一滴不洒，而我却把水洒了一半。"破桶说。

主人听后，温和地说："在你装满水后回家，不知道你有没有注意到路的两边，一边处处盛开着鲜花，而另一边则连荒草都没有生长起来。我知道你的缺陷，不过你不应该为此而感到难过。你可能还不知道，其实我在你洒水的地方，播种了些花种，当你每次经过，其实都替我浇了一路的花。"

从此以后，那只破桶不再感到自责了。每次当它看到路边盛开着的鲜花，都从心里自豪着。

正是因为那只破桶的不完美，从而成就了路边盛开着的鲜花。由此可见，当生命中有个小小的缺陷时，请不要悲观地怨天尤人，因为那只会徒劳无功。正确地认识这种缺陷，不必去苛求完美，只有这样，我们才会追求到幸福。

我们要是过于苛求完美的话，很可能会失去幸福。据一项研究表明，那些苛求完美的人，在工作效率、人际关系方面都会遇到严重考验，严重的时候，还会导致自我挫败。原因在于他们的思维方法上面，总是以"要么全有，要么全无"的逻辑思维来看问题，他们要求一切都应该尽善尽美，要么就不做，要做就做到最好。正是这种近乎偏执的想法，让他们无论做什么事情总是追求完美，只要出现了一点点的失误，就会陷入到自责的情绪里面。这样做的结果是身心疲惫，进而对生活失去信心。

其实，人生没有完美的幸福可言，完美的幸福只存在于理想之中。因为任何事物都不可能达到完美的境界，如果每一个细节都要追求完美的话，那么很有可能就失去了大局。

从前，有位渔夫从海里捞到一颗晶莹剔透的大珍珠，他对此非常喜欢。美中不足的是：在这颗珍珠上面有个芝麻大的黑点，这让那颗珍珠显得有些不完美。

于是渔夫就想把这颗黑点给去掉，到那时候它将变成无价之宝。

可是万万没有想到，每当他剥掉一层，那颗黑点还在，于是只好接着再剥一层，可黑点还没有消失。就这样，一颗漂亮的大珍珠被他一层层地给剥掉了。

到最后，黑点确实是没有了，不过那颗珍珠也已经没有了。

上面的这位渔夫想得到的是美的极致，可就在他一层层追求的时候，美也消失在这过程中了。其实，美真正的价值正是在于那一点点的残缺，就如同断臂的维纳斯，它可以给人带来无限的遐思，而美也就在这种遗憾和遐想中成为极致。

在干旱无比的沙漠中，每一种生物要想取得生存都会遇到极大的挑战，可是有这样一种植物：它长得很像小草，不过没有草那样的"外貌"，不过它可以顽强地在沙漠中生存，即使把它的根取出来晒干，多年后只要你再把它放在水里泡 24 个小时，它就又会奇迹般地复活。科学家给这种普通的草，取了一个很美的名字——"沙漠玫瑰"，来赞美它那超强的生命力。它在人们的心中成为美丽植物的代表。

同样，在人类的身上也存在着缺陷和美丽。"乐圣"贝多芬在失聪后，谱写出了《英雄交响曲》这样伟大而崇高的旋律，让他在音乐创作方面取得了质的飞跃。还有中国的张海迪、美国的海伦·凯勒，虽然她们身体上都有残疾，可是依靠着自己的顽强意志努力拼搏，从而取得了辉煌的成绩。虽说他们的身体是残缺的，不过他们有一颗高尚的心灵，正是身体的残缺让他们明白了坚强。所以说，他们的人生因缺陷而更加美丽。

　　记得在一部电影中有这样一幕：男主角有一个聋哑的女朋友，有一天他问她有什么优点的时候，女孩子用手指了指自己的嘴巴，于是两个人都笑了，因为他们心里都非常清楚：尽管身体上有些缺陷，可是他们比常人更加坚忍、善良和乐观，从某种意义上讲，这也是一种美啊！上天对所有人都是公平的，一个人要是有一个缺陷，那么上天一定会在别的地方给他补上一个优点。

　　只要我们的心态是积极的、向上的，那么我们依然能够过上幸福的生活。

第 5 堂课

没有不快乐的事，只有不快乐的心

——积极乐观就能发现幸福

有人说:"幸福不是靠我们等来的,而是需要我们用积极乐观的心态去发现。"只有摒弃那些让我们烦心的事情,用积极乐观的心态擦亮我们的眼睛,你才会发现幸福就围绕在我们的身边。

① 抱怨的人往往会忽略幸福

在现实生活中,我们比别人幸福多了,可是就是因为我们的贪念,我们本身拥有了很多却还想拥有更多,所以才终日地抱怨,这样即使我们拥有了一切,也不会幸福。因为人性是贪婪的,得到了星星还要月亮,得到了月亮还想要太阳,永远都不会有满足的时候,所以我们只会一直身处抱怨之中而不能自拔。让抱怨蒙蔽了我们的双眼,即使幸福在我们身边,我们也会视而不见。

就像艺术大师罗丹说的那样:"生活中并不是缺少美,只是缺少发现美的眼睛。"我们的生活中不是缺少幸福,而是抱怨蒙蔽了我们的眼睛,让我们无法发现幸福。

世界上著名的残疾人演讲大师约翰·库提斯,他曾用双掌撑地走遍了世界190多个国家和地区。为全世界190多个国家和地区带去了精彩的演讲。除此之外他还是澳大利亚残疾人网球冠军,是游泳健将,甚至还能只用两只手开车。

这次,他在山东青岛演讲的时候,他用双手一步步地走向讲台,他拿起桌子上的矿泉水瓶子说:"我一出生就是个悲剧,当时我只有矿泉水瓶那么大,而且,两腿先天畸形,医生说我看不到第二天的日出,不过,庆幸的是,我活了下来,而且我现在依然健在,我还走遍了世界各地,我觉得我是幸福的。"

库提斯一口气讲了半个小时,其间,观众们的掌声几乎就没停过。他说:"当你们为没有一双好鞋抱怨的时候,那么,请你们冷静下来好好想一想,在这个世界上,还有一些人连穿鞋的资格都没有。想想那些人,和那些人比起来,你们是不是幸福多了?"

就像约翰·库提斯说的一样,当我们在终日抱怨这个不好,那个不好的时候,我们有没有想过,我们拥有的好多东西别人没有。我们终日为拥有一些东西不好而苦恼的时候，我们有没有想过，有些人甚至连拥有的资格都没有。和他们相比，我们不是幸福多了吗？

在现实生活中，有些人明明生活在天堂，却总感到像生活在地狱一样苦不堪言，而只有真正让他们体会地狱般的生活之后，他们才会知道生活在天堂是一件多么幸福的事情。其实，所有的这一切，都源于我们的内心，源于我们的眼睛。与其我们每天去抱怨，还不如静下心来想一想，用心去体会，去感受身边的幸福。用眼睛寻找，你会发现其实幸福就在我们身边。

有人说："苦海即是天堂，天堂也即苦海。"我们又何苦放弃天堂而自投苦海呢，与其让幸福在我们的抱怨中与我们擦肩而过，还不如让我们放弃抱怨，转而去享受我们的幸福。

② 看开一点，你会活得更快乐

有一个老妇人，她整天都是愁眉苦脸的，在她的脸上，看不到一丝的笑容。邻居们看到她后，很不理解，于是就关心地问："您是怎么了，身体不舒服吗，还是心里有什么事情啊，可以和我们说说吗？这远亲还不如近邻呢，如果有需要我们能帮忙的，和我们说说，我们肯定帮。"

老妇人说："其实也没什么，我有两个女儿，她们都出嫁了，大女儿婆家开了个染布坊，小女儿婆家是卖伞的，我每天都在担心，要是每天都艳阳高照，虽然大女儿的布可以卖得很好，但是我又担心我的小女儿家的伞卖不出去。要是每天都阴雨绵绵的，虽然二女儿家的伞可以卖出去了，可是我又担心大女儿的生意不好。你说，我的命怎么这么苦啊，天气好我也高兴不起来，天气不好我还是担心。这该如何是好啊？"

于是邻居们大笑道："原来就为这么点事啊？您怎么这么看不开啊？您可以换个角度想啊，要是天气好的话，您的大女儿就会生意兴隆。要是下雨了呢，您的二女儿就会顾客盈门。您看您的命多好啊，无论天气好坏，您的女儿始终都有钱赚啊。"

老人的脸上顿时浮起了笑容。

其实人生往往就是这样，换个角度想想，你就会很幸福，就像那个老妇人一样，下雨时担心大女儿的布卖不出去，天气太好又担心二女儿的伞卖不出去。要是总是这么想的话，老妇人还能快乐得起来吗？但是换个角度就不一样了，如果天气好，老妇人的大女儿的布卖得好，如果是下雨天时，二女儿的伞卖得好，这样的话老人能不高兴吗？

有人说，"境由心生，一个人是否快乐，不是在于拥有什么，关键是他怎么看待自己所拥有的"。也许有的人大富大贵，在别人的眼里都觉得他很幸福，可他却身在福中不知福，心里老觉得不痛快；也许有的人，别人看他离幸福很远，可他自己却怡然自得，每天生活在快乐之中。

对于自己所拥有的，看开的人也许会想：老天对我太好了，让我拥有了这么多。然而看不开的人也许就会这么想：老天怎么可以这么对我，让我拥有如此之少。其实，对事情能否看得开完全在于自己，拥有幸福和快乐很简单，只是看你对事情的态度。

其实，快乐是一种积极的心态，是一种纯主观的内在意识，是一种心灵的满足。一个人若是能从日常平凡的生活中寻找和发现快乐，就会找到幸福。

对于同一件事情，如果看开了，那么你就会找到幸福和快乐，切勿把自己关进一个阴暗的角落里，躲避阳光，如果那样的话你又怎么会感觉得到温暖呢？

有一个人，他正在轮船的甲板上看报纸，突然一阵大风，把他的帽子刮掉了，帽子随风刮进了茫茫大海之中。只见他用手摸一下头，看着飘然远去的帽子，又继续看起报纸来。

旁边的人看到告诉他："先生，你的帽子被刮入大海了。"

那个人说："知道了，谢谢你。"然后又继续看起了报纸。

旁边的人看到他这样，非常不解，问道："难道您一点都不心疼吗？"

那个人回答道："我正考虑是否要换一顶新帽子，正犹豫不决时，这阵风帮我做了决定。再说就算是我再心疼,我的帽子会回来吗?"旁边的人顿时无语。

就像帽子被刮掉的那个人说的一样,帽子既然已经随着风被刮进了大海,就算是再怎么心疼,帽子也不可能回来,那为什么不转变观念想一想呢?是这阵风帮自己做了一个决定,让自己买一顶更漂亮的。如果这么想,你还会惆怅吗?

人生在世,世事难料,或许上天让你失去了一棵树,也许过几天,它会让你拥有整片森林,倒霉和不幸谁也不想发生在自己的身上,可是一旦发生了,我们又该去如何面对呢?当生活的挫折和磨难来临时,我们为什么不以一颗乐观、豁达、健康的平常心去面对呢?既然事情已成定局,任何的苦恼也是枉然,那为什么我们不开心地面对呢?为什么要让苦恼剥夺我们开心快乐的权利呢?

在生活中,我们不可避免地会失去很多东西,但是,如果失去之后,我们再失去快乐,那我们岂不是失去得更多?

一个人快乐与否,绝不是因为获得了什么或者是失去了什么,而只能在于他自身如何去面对。

我们的一生中总是在不断地失去和拥有过程中度过。拥有快乐,失去烦恼;捡到幸福,丢掉悲伤。把所有的事情都看开,只保留住你的快乐,这样你会不幸福吗?

③ 别让忌妒偷走了快乐

在三国时期,有一个青年才俊名叫周瑜,他不但非常俊俏而且还文武双全,是三国时期东吴的白玉擎天柱,驾海紫金梁,为保卫东吴的一方百姓作出了突出的贡献,他官拜东吴的大都督,可谓在东吴是一人之下万人之上,就在蜀汉和东吴结盟时,他认识了蜀汉的诸葛亮。他发现诸葛亮比他更深谋远虑,从此,就心生无名妒火。总是想找机会除掉诸葛亮，他甚至不惜破坏东吴和蜀汉的结盟，出兵讨伐蜀汉。

在东吴和蜀汉的军事交锋中，周瑜屡战屡败，诸葛亮清楚其中的缘由，便用计气周瑜。经过诸葛亮三气之后，周瑜自知不如诸葛亮，但忌妒之火并没有因此而熄灭。于是周瑜便口吐鲜血，一病不起，后来愈演愈烈。到最后郁郁而终，临死之前他对苍天大喊："既生瑜，何生亮。"一代名将周瑜就这样结束了他短暂的一生。

一代名将周瑜，他本身很优秀，文武全才，不仅官拜东吴的大都督，而且还娶到当时有名的美女小乔为妻，他可谓是今生没有什么遗憾了。

可就是因为他心高气傲，不肯面对任何人比他强，当他看到比他强的诸葛亮之后，他就忌妒诸葛亮，到最后被诸葛亮气得口吐鲜血，郁郁而终。他临终之前还高喊："既生瑜，何生亮。"也就是说，在临死之前他还埋怨上苍说："老天啊，既然你让我周瑜这么优秀的人诞生了，为什么也让比我周瑜还优秀的诸葛亮也诞生了呢？"最后，周瑜死不瞑目。

由此可见，周瑜他始终不明白：人外有人，天外有天。容不下比自己强的人，结果让忌妒偷走了他的快乐，夺走了他年轻的生命，是忌妒让他撇下了美妻，让他抛弃了国家，更是忌妒夺走了本属于他的幸福。

其实，在现实生活中，有许多人像周瑜这样，本来很优秀，可是，他们见不得别人比自己好，他们想尽了办法去伤害别人，他们不知道，就在他们伤害别人的同时，也伤害了自己，他们在让别人痛苦麻烦的同时，自己受到的痛苦会更深，因为这个时候他们已经没有了快乐的心。

有人说："忌妒比坟墓更残酷，忌妒比坟墓更让人觉得恐怖。"虽然，有忌妒心的人他还活着，可是他的心已经死了，他自然也就没有了快乐的权利。

既然我们无法控制世上会出现比我们强的人，那么就控制好我们自己的内心吧。不要让那些我们无能为力的事情，来困扰我们的内心，来剥夺我们享受快乐的权利。

曾经，有一位国王，他特别喜欢养象，他看到其中有一头象长得很特殊，全身白皙，毛柔细光滑。后来，国王把这头象交给一位驯象师照顾。让驯象师负责照顾它，不仅照顾它的日常生活，还要用心训练它。这头象非常的聪明，善解人意，不久他们就建立了很好的默契。

一次,国家要举办一个很重要的庆典,国王想要骑白象观礼,于是驯象师将白象好好打扮一番,交给国王。

国王骑着白象进城观礼,由于这头白象太漂亮了,民众都赞美这头象,此时国王觉得很不自在,认为白象抢走了自己的风头,心里十分妒忌,于是,他很快就回宫了。他问驯象师说:"这头白象,还有没有什么特殊的技艺?"驯象师问:"你想让这头象表演什么技艺啊?"

国王说:"它能不能在悬崖边展现它的技艺呢?"驯象师说:"应该可以。"国王就说:"好,明天就让它在悬崖边上表演。"

就在第二天的表演中,国王百般刁难,想要把象置于死地。当驯象师知道国王想要将象置于死地的时候,于是他告诉白象说:"国王想要害死你,这里很危险,不如我们越过这个悬崖,离开这个国家吧?"不可思议的是,这头白象竟然真的把后脚悬空飞起来,载着驯象师飞越悬崖,进入另一个国家。

当另一个国家的国王接见他们时,那个国家的国王很高兴地问驯象师:"你从哪儿来?为何会骑着白象来到我的国家?"驯象师便将事情的经过如实地告诉那个国家的国王。国王听完之后,叹道:"人为何要妒忌一头象呢!"

是啊,身为一个国家的国王,可谓是坐享一国之富,登高一呼便可攻城略地,是一国之君,是九五之尊,可是在他的心里,却容不下一头象,和一头象争风吃醋,为一头象而苦恼,被一头象夺走了他的快乐。这又是何苦呢?

其实,真正夺走他快乐的并不是那头象,而是他自己,是他自己的忌妒心夺走了他的快乐。就像法国作家巴尔扎克说的一样:"忌妒者受的痛苦比任何人遭受的痛苦更大,是因为他自己的不幸和别人的幸福都使他痛苦万分。"

忌妒别人是最大的痛苦,他把自己的不幸和别人的幸福都化为伤害自己的利器。承受着双重痛苦。他伤害别人的同时,也伤害自己。在使别人痛苦的同时,那种痛苦翻倍地施加在自己身上。

罗素说："善妒的人，不但从自己所有的东西中拿掉快乐，还从他人所有的东西中拿来痛苦。"我们为什么要舍弃自己的快乐，拿别人的痛苦来折磨自己呢？

身为一个人，要想过快乐的生活，就必须舍掉自己的痛苦，拿来别人的快乐，别让忌妒偷走自己的快乐。

④ 不必让自己活得太累

有一位青年背着一个重包袱，不远万里地来找智者寻求解脱之道，他见到智者说："智者，我是那么的疲惫，我感觉疲惫到了极点，我的鞋破了，双脚也破了；手也受伤了，嗓子也哑了，您说为什么我不能找到一片属于我自己的阳光呢？"

智者说："你先把包袱放下来，慢慢说。"

青年说："那可不行啊，它可重要了。里面有我每一次跌倒时的痛苦，有我每一次受伤时的眼泪，有我每一次孤寂时的烦恼，多亏了它们才能让我坚持到现在，我才能走到您这儿来。"

智者听完之后什么也没说，而是带着青年来到河边，河水看起来很深。智者和青年一起砍下一棵树，放在河里，他们踩着树过了河。上岸后，智者说："你扛着树，赶路去吧！"

青年很诧异，说："扛着树赶路？怎么可能啊，它那么沉，我怎么能扛得动。"

智者微微一笑说："你不是明白了吗，你扛不动树，那你就背得动那包袱啊？有些东西一开始也许对我们渡过难关有帮助，可是，当难关过去了，如果一直还不放下它，它会变成我们的包袱。就像痛苦、孤独、寂寞、灾难、眼泪，等等。这些曾经对我们都是有用的，它能使我们的生命得到升华，但如果时间已经过去了，事情也已经解决了，我们一直还是对它们念念不忘，它们就成了我们的包袱。生命就像小船一样，本身就不能承载太重，只有放下这些沉重的包袱，我们的生命才会变得轻松。"

于是，青年放下包袱，继续赶路，他发觉自己的步子轻松而愉快。他终于明白了，为了活得轻松，生命是可以放下一些东西的。

在现实生活中的我们有时候就是这样，我们总觉得这个重要，那个也重要，总是舍不得这个，也舍不得扔掉那个，可事实上，时过境迁，那些昔日我们认为很重要、对我们很有帮助的东西，现如今已经成为一个沉重的包袱，成为阻碍我们前进步伐的绊脚石，让我们的生命之船不堪重负，痛苦缓慢地往前行驶着。

其实，人生就应该像个沙漏一样，将那些我们用不着的东西过滤掉，因为我们带着它们上路，不仅对我们没有帮助，反而还会因此成为我们的包袱，让我们不能轻轻松松地前进。

在我们的一生中，要经历很多的事情，有快乐也有悲伤。对于那些有智慧的人来说，他们总是把那些不快乐的事忘记，把那些快乐的事记在心头，所以，他们每天都会过得很轻松、很快乐。

我们为什么要拿我们过去的东西来惩罚现在的自己呢？为什么要让过去的枷锁拖住我们前进的步伐呢？我们这样不是让自己活得太累了吗？

从前有一个人，拿了两个花瓶想要献给神，神见了，说："放下。"于是那个人把左手的花瓶放了下来。

于是神又说："放下。"那个人把右手的花瓶放下。

神还对他说："放下。"

那个人很不解，问："我手里什么都没了，还放下什么啊？"

神问他："那你现在解脱了吗？"

那个人说："没有。"

神说："其实，我真正想让你放下的，并不是你手里的东西。而是心灵的包袱。当你把你心里的那些包袱都放下时，你就可以从人生的痛苦、生死的桎梏中解脱出来。

一个人需要解脱的，并不是身体，而是心灵，因为真正使你痛苦的并不是你身上的东西,而是沉积在你心里的东西。只有把心里的负担都放下,才能让心获得自由,心灵若是自由了,即使身体背负再多的东西,也会健步如飞地前行。倘若心里的负担没有放下,那么,即使你两手空空,你也不会在人生的道路上快速前进。

在现实生活中,有很多人都觉得,自己活得太累,工作压力大、生活负担重、人际交往复杂,等等。其实这一切都是源于我们的内心,如果我们把这一切都放下,我们就会觉得轻松,就会觉得幸福。我们无法左右我们的生命,但是我们可以选择放弃一些我们生命中的负担。不要让过去的是是非非来影响我们现在的生活。

人生就像是一艘船,我们只是一味往里面装一些东西,而不让一些人下船,那么你的人生之舟就会超载,航行起来就会特别地累,而且随时都会有翻船的危险,有些时候我们可以学习做一个沙漏,因为沙漏会教会我们学会过滤掉一些东西,而不让我们的人生活得太累。

5 忧虑只会使生活变得糟糕

从前,有一家人客厅的墙上挂着一只表。一天,秒针走着走着,突然哭了起来,它委屈地说:"我不干了,我的命怎么这么苦啊!我这一天从早忙到晚,每天都不停地奔跑着,也没有休息的时间,更可气的是:我跑一圈分针才走一小下,我跑60圈,时针才挪一挪,我这一天得跑1440圈,一个月有30天,一年……什么时候才是个头啊?更何况我如此瘦弱,还必须一秒不落地跑下去,我明天怎么还有力气跑呢?"

恰巧,一只蚊子停在钟壳上,它听到秒针的抱怨后,就安慰秒针说:"何苦为这件小事而忧心呢,这是大自然的规律,你只需要本本分分地一步一步地往前走,不要去想明天的事,你就会感觉到生活很轻松、很愉快的……"

其实就像蚊子所说的那样，我们不要为明天的生活去忧虑，只有脚踏实地走好每一步，过好每一天每一秒，你的生活才很轻松、很愉快。像秒针那样的忧虑根本就是多余的，是自寻烦恼，世间的各种事情都是周而复始地遵循着各自的规律，如果因为这个事情去烦恼，那不是世间本无事，庸人自扰之吗？

在现实生活中，如果一个人总是为明天烦恼，就会形成不满与压力。其实人生不如意事十之八九，不一定所有的事情都会照自己的想法来进行的，到最后把很多的时间都浪费在消沉与抱怨当中，妄想着人生会与真实有所不同。于是，不再追求自我的成长与完善，只是想责备现实的残酷，那么，如此一来，只会让自己肩负的东西更多，自己就会更累。

不要整天生活在抱怨和忧虑之中，要知道，今朝有酒今朝醉，明日事来明日愁，我们只需把握今天，抓住今天，未来是我们不能预测的，也不会随着我们的意志转移的。那么，我们即使再忧虑也是徒劳，也是枉然，那我们还在为那些我们不可预测到的事情去忧虑什么呢？还不如过好自己每天的生活。

每天，天一亮，我们睁开眼，自己还活着，真好。每天，天一黑，闭上眼，我们还能睡得着，值了。如果这样想，我们的生活不是更加轻松和快乐吗？

在很久以前，有一个国家叫杞国，这个国家有一个臣民，他每天都很忧虑，每天茶不思饭不想，甚至晚上连觉都睡不好。大家看他这么忧虑，就好心地关心他："你是怎么了，每天都这样郁郁寡欢的，那怎么行啊？你这样会把自己给憋出病来的，有什么事情，大家可以帮你一起解决啊？"

那个人说："你们不知道，我每天都在忧虑，你说这天要是塌下来，我们谁都跑不了，谁也不能幸免于难，如果不幸真的到来，那个时候，我们该怎么办呢？"大家看到他这样，就大笑而去，以为他是疯了。

于是他每天都不分黑夜白天地仰着头，忧心忡忡地望着天空唯恐天空会塌下来砸到自己。因为担心天会掉下来，他吃不好饭，睡不好觉，最后终于得了重病不治身亡。

就像这个杞人一样，每天都在为一些虚无缥缈的事情而担心，每天都忧心忡忡的，最终把自己给折腾病了,这又是何苦呢?

在现实生活中,像杞人这样终日为一些不着边际的事情烦恼的人不在少数,他们每天都在忧虑,都在难过,就好像事情因为他们的忧虑就会出现转机一样。

我们就应该高高兴兴地过好每一天,何必要为那些自己无能为力的事情而烦恼呢?要知道:举杯消愁愁更愁,抽刀断水水更流。既然是这样的话,我们就应该让自己活得快乐。不要为那些我们无能为力的事情,去影响本应该属于我们的快乐的生活。

在现实生活中,生活并不像我们想的那么完美,但事实上,世界上也没有绝对完美的东西,我们为什么要为那些不着边际的事情,去扰乱我们的心神,去影响我们的生活呢?

⑥ 越放下,越快乐

一个小男孩在玩游戏的时候,玩着玩着,他突然把手伸进了花瓶里,好像在找着什么。糟糕的是,当他想把手收回来的时候,却怎么也拔不出来。这时候他的父亲发现了,也帮助儿子往外拔,企图帮儿子把手拔出来。可是经过几次尝试之后,结果也都以失败告终。

男孩的父亲,想把花瓶打碎,让儿子摆脱困境,可是花瓶太名贵了,父亲迟迟下不了决心。最后男孩的父亲终于下定决心,再换一种方法,如果不行就把花瓶打碎。

他说:"儿子,你把手伸直,就像我这样,把手指并拢到一起,再往外拔。"父亲边说边给儿子做示范。

小男孩说:"不行啊,我不能那样做。如果我把手松开了,我手里攥着的硬币就会掉下来,那可是一美分呀!"

父亲终于明白了儿子的手拔不出来的真正原因,被气得哭笑不得。

或许要是我们是那个男孩的父亲，也会被气得哭笑不得，为了那区区一分钱硬币，险些毁了一个名贵的花瓶。可是现实生活中的我们，又何尝不是如此呢？因为一些琐事，始终放不下，最终让自己郁郁寡欢，那还不是捡了芝麻丢了西瓜吗？

在我们的人生旅途中，只想着得到，却总是回避放弃，那么，你还会得到快乐吗？只有懂得了放弃，也就理解了"失之东隅，收之桑榆"的道理。懂得了放弃的真意，我们自然会懂得适时地有所放弃，这时我们的内心就会变得平衡，自然也就获得了快乐。

在现实生活中，我们只知道拥有的东西越多，自己就会越好。可是，不知我们是否察觉：我们的忧郁、无聊、困惑、无奈，都和我们的拥有有关，我们拿得起，但是却放不下。我们之所以不快乐，那是因为我们渴望拥有的东西太多了，太过执著于追求拥有和得到，在不知不觉中，我们已经沉迷于得到，而给自己的内心带来了沉重的负担。心理变得沉重，自然就不会快乐。

我们在现实生活中，不光要学习人生的加法，更应该学习人生的减法，学会放下一些东西，你会发现，当你放下的时候你的心顿时会觉得很轻松。

从前，有 3 个商人，他们带着开采了 10 年的金子，越洋归国，在茫茫的汪洋中，不幸遇到了暴风雨，船随时都有可能沉没。3 个人随时都有可能葬身于大海之中。

其中一个商人，他舍不得多年的心血，不肯扔掉金子，最后被大浪吞没，与金子同时沉于大海之中。

另一个商人，很有头脑，他想扔掉一部分，留住一部分金子，到最后那个商人和船同归于尽，葬身于汪洋之中。

最后那个商人，放弃了船上的所有东西，只身一人乘着救生艇，最后，终于脱离了危险。等他归国之后，他又组织船队，打捞起货船，又拥有所有的财富。

就像这 3 个商人中的前两个，他们不明白，有些时候我们应该放下一些东西，金子的确可贵，可是它和生命比起来简直是一文不值。如果你连命都没有，那要那么多的金子还有什么用呢？要是连命都没有了，那还谈什么快乐呢？而第三个商人就不同了，他知道，只要有了生命，就等于有了一切，所以他什么都放得下，到最后又拥有了财富，那不

就是源于他之前的放得下吗?

在我们的人生道路上,时时刻刻都面临着取与舍的选择。然而,我们所有的痛苦都来源于我们的占有欲,我们总是一味地想要得到,想要拥有,可是我们拥有得越多,我们的心就会越疲惫,而更让我们痛苦的是,欲罢而不能,我们总是想着占有,可是这个东西却不能归我们所有。

那我们为什么不看开一点呢,既然我们苦苦追寻,苦苦地想要拥有,最终都不能让我们找到快乐,那么我们何不换一个角度,学会放下,放下心中的占有欲,也就等于放下了所有的痛苦。我们放下的痛苦越多,相应的我们也就越快乐。

7 把挫折当成幸福的前奏

有一个女孩儿,她长得非常的漂亮,正处于热恋之中,然而,就在她沉浸在恋爱的甜蜜和幸福之中时,很不幸,她被检查出来得了肝炎。她原以为男朋友一定会对她不离不弃,细心地照顾她,然后和她携手走过他们的一生。可是,谁想,她的男朋友知道后,毅然决然地离她远去。

男友的无情,让她悲痛欲绝,痛不欲生。在亲人和朋友的劝慰下,她决定要坚强地生活。在经历了病魔的折磨和失恋的痛苦后,她看开了很多,对人生有了更深刻的领悟。在她治疗的过程中,她认识了现在的老公。

她老公对她很好,她很幸福,曾经的疾病,让她更懂得珍惜现在拥有的幸福,她感慨地说:"如果不是这场疾病,我也许早和之前的男友结婚,而现在可能又离婚了。也不知道现在会是什么样子呢。我又怎么能认清我的前男友,又怎么会拥有现在的幸福呢?"

世人都知道,失恋是一件令人非常痛苦的事情,但是对于这个女孩来说,她的那场疾病和那次失恋，未尝不是一件好事，是那次的疾病和失恋，让她知道谁才是真正对她好的人，谁才是真正爱她的人，谁才是能够给她幸福的人。幸福的前奏就是挫折，要不是经历了挫折和困苦，又怎么会珍惜眼前的幸福呢？

人生也许就是这样，只有经过挫折的历练之后才会有好的开始。有的人在挫折中成长，也有的人在挫折中跌倒。就看我们怎么看待，在挫折中站起来的人往往能更好地成就自己。被挫折击倒，不能自拔的人，只能永远地趴在地上哭泣，永远不会有幸福光临。

在人生的舞台上你可以发现，几乎大部分的成功者，都有非常艰辛、不断接受挫折和失败的过程，他们撑过来了之后，把过去的挫折转化成对自己有利的东西，从而协助自己创造更大的成绩。

诗人纪伯伦曾说过："当你背对太阳时，你看到的只有自己的阴影。"既然我们已经在太阳底下，我们为什么不直接面对太阳，接受阳光的沐浴呢？去真正地感受阳光的温暖呢，让阳光照亮我们的内心，如果我们总是背对着太阳，那么我们看到的永远都是我们的阴影。我们的内心也不会感到温暖。

一天，天神召集所有的动物在一起吃饭，饭后，天神非常高兴，决心要给它们一点赏赐，于是他取出一只翅膀，说："我有一样东西送给你们，如果你们谁喜欢就可以把它拾起来放在背上。"

它们都争先恐后地往前抢，可是当它们看到地上一对毛茸茸的翅膀的时候，它们心想：天神肯定是要惩罚我们，背着这么重的东西走，肯定会很累。于是它们谁也不要，纷纷回到自己的位置上。

天神看到这种情景，看到自己的好心居然没人领情，感到非常的失望，正在这时，有一只小鸟走过来，看了看翅膀，心想：既然这个笨重的东西是恩赐，肯定会有它的用途，于是小鸟把翅膀捡起来，背在背上。过了一会儿，小鸟挥动着翅膀，让它出乎意料的是：这个原以为很笨重的东西不但没给他加重负担，相反，还能使自己的身体变轻，最终飞上蓝天。

其实在现实生活中，我们看似是痛苦的事情，看着对我们没有任何好处的事情，如

果我们勇敢地去面对，说不定这件事情对我们不但没有任何的害处，还非常有利。就像所有的动物都认为，那个翅膀是天神对它们的一种惩罚，都不肯接受，只有小鸟认为这是幸福的前奏，背上大家都认为不是好东西的翅膀。最后小鸟能振翅高飞，不用整日在地上奔跑，而其他动物就只能在地上忙忙碌碌地过一辈子。

在生活中，人们之所以会害怕遭遇挫折，是因为他们认为挫折就是一种重负，让人不堪忍受。但实际上，挫折并没有想象的那么可怕，有时候，挫折不但不会给人带来任何的负担，相反挫折还会给人以奋进的动力，成为人们成就自己的动力。

在现实生活中不可避免会有挫折，面对挫折，只有坦然地正视它，坚持自己心中必胜的信念，就算有再大的风浪也能承受。只要坚定这个信念，勇敢地去面对，相信我们很快就可以守得云开见月明，踏上成功的大道，成就自己辉煌的人生。

人生就是这样，有太多的挫折和坎坷，就看我们如何面对。如果我们认为挫折就是摧毁我们的利器，那它就是杀死我们的利器。若果我们认为挫折是成就我们的云梯，那尾随挫折之后的就是幸福。

8 快乐和幸福都可以假设

有一个男孩，他心里异常痛苦，于是找到了心理医生，想要他帮助自己摆脱这样的困境。

男孩对医生说："在我的世界里最大的不幸终于发生了，我的女朋友结婚了，新郎不是我！最后我还参加了她的婚礼，她那天非常美丽，美丽得让我的心都疼，她的眼睛亮晶晶的，像是有眼泪。自从她结完婚以后，我再也没见过她，也没有收到她的任何消息。我想她现在一定很不幸福，她现在一定会为她自己当时的选择而后悔，因为她最终没有嫁给最爱她的人。"

医生听他说完所有的故事，问他说："你爱她吗？"

男孩点点头说："嗯，我非常地爱她。"

医生说："你会因为她的痛苦而痛苦，因为她的幸福而幸福吗？"

男孩回答说："是的。只要她能幸福快乐，让我做任何事情都是值得的。"

医生很奇怪，于是就问道："那么我问你，你说她现在不幸福，是她告诉你的，还是他父母说的？"

男孩说："都不是，是我猜的。"

医生语重心长地说："年轻人，你所有的烦恼都是因假设她不幸福引发的。所有的一切都是你假设出来的，既然仅仅是假设，那么你为什么不用另外一种假设呢？假设她是幸福的。"

年轻人听后想了想，微笑着起身向医生道谢。

医生的做法确实很高明，男孩终日沉迷在自己的假设里，假设自己心爱的人不幸福，然后自己也跟着痛苦。既然痛苦可以假设，那么为什么不假设自己心爱的人现在很快乐和幸福呢？让男孩假设他心爱的前女友很幸福，男孩也自然跟着幸福。这是帮助男孩消除痛苦回忆最好的方法。

在我们现实生活中，也有很多的让人烦心的事，也会有很多让人痛苦的回忆，其实这些大多都是从假设中蔓延出来的。假设我们改变一下心态，换一种假设，也许那些让人心烦的事情全部都会变成让人快乐的事情，而那些让人痛苦的回忆，也随之会变成幸福的瞬间。

幸福并不是终点，而是我们人生中、旅途中所享受的过程，其中也包括享受痛苦和悲伤。就像经济学中所描述的一样："当正面情绪超过负面情绪的时候，我们就是幸福的。"我们只要保证快乐永远大于痛苦就可以了，因为这样，我们永远都是幸福的。

难得糊涂是人的必修课，有些时候只有自欺欺人，才是自我解脱之道。与其我们每天都给自己假设一个囚笼，然后自己把自己关起来，还不如每天假设自己所在的是一

座富丽堂皇的宫殿，围绕在身边的都是幸福和快乐呢。这样，无论我们生活在什么环境之中，我们都是幸福的。虽然我们只是活在自己假设的幸福里，但是最起码，我们的心是快乐的。

德国作为第二次世界大战的战败国，战争结束后，整个国家都已经化为一片废墟。美国社会学家多普诺带着几名随从人员到德国实地察看。

多普诺说："依你们看，这个民族还能够振兴起来吗？"

一个随从说："肯定不行了，都已经这样了。怎么可能东山再起呢？"

多普诺坚定地说："肯定可以。"

大家问："为什么呢？"

"你们看，每家每户他们都摆着一盆鲜花，他们还有爱美之心。虽然对于他们来说他们已经国破家亡了，可是他们一点都没有对生活失去希望，他们洋溢着快乐和幸福，虽然那是他们自己假设的，但是他们有信心他们的生活一定会好起来的。如果任何一个民族，无论身处多么困苦的环境，只要他们还爱美，还能假设自己很幸福，那么他们一定会重建他们的家园，也一定会重振他们的民族。"

德国正是凭借着这一点，在短短的几十年里，他们再一次东山再起，成为世界上的经济强国。

虽然德国在第二次世界大战中败了，战后的德国，民生凋零，百废待兴。但是，人们没有放弃追寻幸福和快乐。虽然战争剥夺了他们生活在优越环境之中的权利，可是他们却为自己保留了幻想幸福的权利。

在人生中，总是有顺有逆，在逆境之中，懂得假设自己仍然身处顺境之中，那么即使所处的环境再恶劣，他们也无所畏惧，在他们的心里仍然保留着那份快乐和幸福，也没有放弃追求幸福的希望。世上没有绝望的处境，只有绝望的人，在绝境中仍能追寻希望之花的人，在任何情况下，他们都会成功，同样无论身处何种环境，他们都可以假设自己很幸福快乐。这样，世上也就没有什么事情能够让他们绝望。

假设你是快乐的，假设你是幸福的，学会运用积极的心态去面对现实，用一种好心情分析问题和解决问题，这样你的生活里就会有阳光，这样的我们即使身处寒冬也会觉得温暖。因为我们心里有阳光。用心里的阳光照亮生活，给自己开启一扇希望之窗。

⑨ 只要你想快乐，你就能快乐

从前，有一位老人，他每天都是高高兴兴的，脸上总是洋溢着幸福的笑容，周围的人看着老人每天都那么地高兴，非常地好奇，就问他："为什么您每天都能那么快乐呢？我们也想每天都能保持快乐，可是，我们做不到，每天都会有这样或者那样的事情让我们不高兴，您有什么秘诀告诉我们吧？"

老人说："其实要想快乐很简单，不需要什么秘诀，如果说有秘诀的话只有一个，每天早晨，我睁开眼就给自己两个选择，一个选择是快乐地度过这一天，另一个选择是不快乐地度过这一天。要是你们选择哪一个啊？"

大家异口同声地说："我们当然选择前者啊。"

老人说："就是啊，我也是选择第一个，既然我们每天都想快乐地生活，那么何必让那些生活中的琐事来打扰我们快乐的心情呢？只要你想快乐，那么，没有任何事情能够阻挡你快乐的心情。"

生活就是这样，就像老人说的那样，每天醒来都摆在自己面前的只有两条路，一个是选择快乐地度过这一天，另一个是选择不快乐地度过这一天。既然选择了，那么没有任何事情能够影响你快乐的心情。

虽然在现实生活中，有很多不如意的事情，比如，在学校里，你和他的成绩一样，你们一样的优秀，结果他得了三好学生和奖学金，你却连提名的机会都没有；在单位里，同事们纷纷被提干了，而工作努力的你却被人冷落，甚至被降职，只因为你做错了一件很小的事情;在家里,老婆为一件微不足道的小事数落了你一个小时;在出租车上,你一不留神把手提包忘在车里了，更倒霉的是这次你竟忘了拿的票，找都没地方找;等等。这些事情确实是很糟糕,但这些事情,根本就不能成为你不快乐的理由,因为快乐是你的选择。

面对这些不如意的事情,我们没有能力去改变现实,但我们能做的只有坦然地面对这一切。让这些已经无法改变的事情,夺走我们快乐的心情,值得吗?当我们总是抱怨生活的不尽如人意,抱怨上天不够爱我们的时候,我们有没有想过,是什么夺走了我们快乐的心情,是谁夺走了我们快乐的心情?

没错,是我们自己,我们每天早晨起来,信誓旦旦地说要快乐地度过这一天,可是当那些所谓的糟糕的事情来的时候,我们就把我们的选择抛到九霄云外去了,是我们自己夺走了我们快乐的心情。

一天,杰克和妻子莫茜开着他们新买的车和父母一起过节,那天,一家人都很高兴,所以他们俩一直待到很晚才回来,他们那天都累了,于是就把车放在门口就上楼洗澡睡觉了。

可是第二天早上,他们发现车子被盗了,莫茜只好拿起电话报了警。警察说有把握在24小时内帮他们把车子找回来。接下来的几小时,莫茜一直打电话询问失车的情况。

莫茜由于车一直没有音信而慢慢地变得浮躁起来,她开始责怪杰克的疏忽大意,但杰克却像什么事情都没发生似的,还不断地说着笑话。

莫茜很不解,她充满焦虑与挫折感地问杰克:"我们的新车和里面的东西都丢了,你怎么还有心情开玩笑?"

杰克看着她,说:"亲爱的,我们的车被偷了这已经是事实了。我们可以因丢了车而选择烦恼,也可以选择快乐。那我们为什么不选择让自己快乐,而非要雪上加霜让不快乐的事情让我们更加不快乐呢?"

莫茜听了也觉得有道理,就开始着手做别的事,把这件事抛在了脑后。

就像杰克说的那样,既然不好的事情已经降临到我们的身上,事情已经成了定局,损失已经造成，如果我们因为这些损失，再自己剥夺自己快乐的心情，那么损失不是更大吗？就算是为了减少损失，不管有多么糟糕的事情降临到我们的头上的时候，我们也不要因为那些事情而剥夺我们快乐的权利。

在现实生活中，我们会遇到很多不如意的事情，但是无论事情多么地不如意，我们除了坦然面对，也别无他法。那么我们为什么不高高兴兴地面对这些事情呢？又何苦自己折磨自己呢？

快乐与否，不在于外界是什么环境，而是在于你自己的内心。只要你愿意，只要你有心，无论何时何地你都可以感到快乐。你可以在阵雨中歌唱，让天使也听听你的歌声；你可以在烈日中独行，让阳光洒满你的心灵，使你感到温暖；你可以在风中散步，让风儿吹散你心中的烦恼。总之，只要你愿意，快乐会随时陪伴着你。

人生是快乐的，只要你想快乐，你就能快乐。

第6堂课

"慢"步人生路，享受简单的幸福

——简单生活是幸福的开始

只有保持着一颗简单的心，才能体会出幸福的真谛，其实幸福并不是要有多少财富，幸福也不像我们想象的那么复杂，幸福就隐藏在简单的生活之中，只要放慢脚步，用简单的心去观察，幸福就在你的身边。

1 "幸"与"福"的故事

从前，有一个叫"幸"的女孩子，在她住的地方，四周长满了高高的蒿草，这些蒿草，让"幸"看不到远方的东西，也找不到自己的同伴。

"幸"每天都在孤独之中度过，她郁郁寡欢，闷闷不乐。其实，她不知道，在离她不远的地方就有一个同伴，只不过她被高高的蒿草遮住了视线，以至于同伴虽和她近在咫尺，却像远在天涯一样。

这个同伴叫"福"，是个男孩，可也是因为蒿草太高了，遮住了他的视线，他每天也过着孤寂的生活。

就这样，他们彼此都不知道，在离自己不远的地方，就有着他们的同伴。

终于有一天，他们同时产生了一个想法，那就是把眼前遮挡住他们视线的蒿草给割掉，因为他们都想看看蒿草后面的世界。于是两个人拿起镰刀，开始动手割蒿草。割着割着，他们发现自己的视线越来越开阔。

终于他们见到了彼此，结果他们很恩爱地生活在一起，过上了幸福的生活。

其实幸福离我们，就像"幸"和"福"之间的距离一样，近在咫尺，只不过是让有些东西挡住了我们的视线，让我们无法发现而已，当我们把那些遮住我们视线的东西统统割掉之后，我们才发现，原来幸福离我们是那么的近。其实幸福也很简单，就是为了结束孤单的生活，处理掉妨碍视线的障碍物，使视野开阔，找到属于自己的快乐，结束孤单的生活，这就是幸福。

在生活中，在我们的内心深处，通常充满了烦恼和忧伤，充满了无尽的欲望和焦虑，就像高高的蒿草一样，挡住了我们发现幸福的视线，使我们感到孤独，让我们无法发现幸福。倘若割掉那些遮挡住我们视线的蒿草,我们顿时就会觉得视野开阔,心灵就会豁然开朗,我们就会发现,原来幸福就在眼前。

我们不要去想,幸福离我们有多么遥远,其实幸福就在我们身边,它等待着我们去发现;我们也不要想幸福有多么复杂,其实幸福很简单,我们每个人都可以拥有。

在14世纪,英格兰有一个修士叫威廉,他曾就读于巴黎大学和牛津大学,学识渊博,能言善辩,号称"驳不倒的博士"。

他说:大自然不做任何多余的事情,如果你有两个原理,它们都能解释客观事实。那么,你一定要选择简单的解释,因为最简单的解释往往比复杂的解释更正确;同样,如果你有两套解决方案,也一定要选择最简单的,需要假设最少的,因为这个最简单的方案最有可能是正确的。

他说:"总而言之,就是要把烦恼琐碎的累赘全部砍掉,让事情变得简单。"

曾几何时,我们的生活变得越来越复杂,身边复杂的事物也越来越多。可同时,我们也发现幸福离我们越来越遥远了。随着我们生活变得复杂和身边复杂的事物越来越多,我们想问题的方式也越来越复杂。我们总喜欢把简单的事情复杂化,把简单的生活复杂化,那么幸福自然也就离我们越来越远了。

在现实生活中,我们把简单的事情复杂化很简单,然而我们把复杂的事情简单化却很难。就像大人永远都不明白孩子为什么要这么想事情。但是,当我们在回忆童年的时候,我们会发现,童年的时光是多么的幸福和快乐,我们也多么想回到那个时刻。

可是,我们有没有想过我们为什么会羡慕童年呢?那是因为我们向往童年的天真,他们把一切的事情都想得那么简单,他们不用考虑太多,他们唯一的目的就是要快乐茁壮地成长,其他的他们什么都不用想。所以,孩子往往比大人幸福。

可是我们发现,长大之后我们就没有小时候那么幸福快乐了,随着我们年龄的增长,随着我们接触社会越来越多,想法越来越多,我们把事情想得越来越复杂。我们失去了孩童时刻的天真,失去了童年时期的那份简单,也因此失去了童年时刻的那份幸福和快乐。

不要让心灵的蒿草越来越高，不要让复杂的生活和烦恼蒙蔽我们的心灵，让我们把那些遮挡我们视线的蒿草全部割掉，去寻找我们简单的幸福。

② 简单生活的模样

李嘉诚虽然很富有，在他的眼中最幸福的事情不是他富可敌国的财富，而是一家人在一起团聚的时刻。

也许，在别人眼里，他的家宴肯定会像国王举办的国宴一样，实则不然，他们在一起团聚，没有复杂的菜式，没有商场上的尔虞我诈，没有职场上的阿谀奉承，没有城市的喧嚣。

而仅仅是一家人在一起，吃一顿家常便饭，不需要特别的丰盛，就只是清清淡淡的四菜一汤。让两个儿子坐在自己的旁边，听他们你一言，我一语，谈笑风生。一家人在一起唠唠家常，其乐融融地享受着天伦之乐。

就像李嘉诚的小儿子李泽楷所说的一样："我觉得我很幸运，我的幸运并不是我生活在一个富裕的家庭，而是我们过着那样简单的生活。"

就像李嘉诚的生活一样，即使拥有富可敌国的财富，但生活依旧简单，简单的生活就是我们放下心中的一切，心无旁骛和家人一起享受生活，这也是一种幸福。

其实有些时候，我们很羡慕小孩子，因为一次赞扬、一个玩具，甚至是一个石子都能让他们开心一整天，为什么呢？就是因为他们生活简单。他们不会复杂地生活，不会把事情想复杂。然而，做人又何须太复杂，总是殚精竭虑地去想这个想那个。这样一来，我们的心情又怎么能得到放松？我们为什么不能向小孩子一样，心无旁骛地成长，快快乐乐地生活每　天呢？

　　简单,是平息外部无休无止的喧嚣,回归平静自我的唯一途径。当我们为拥有一幢豪宅、一辆名车而加班加点拼命地工作的时候,当我们每天晚上在电视机前疲惫地倒下的时候;或者当我们为了一次小小的提升,而默默忍受上司苛刻的指责,并一年到头赔尽笑脸的时候;当为了无休无止的应酬,强颜欢笑,回家面对的只是一个孤独自己的时候。我们有没有想过这样的生活是我们想要的吗?我们过这样的生活快乐吗?

　　其实,简单并不意味着单调,更不是无为。而是省却了复杂无谓的事情,随心所欲地做自己喜欢的事情,是一种精神上的放松。

　　东晋著名诗人陶渊明在入世为官一段时间后,他厌恶官场上的钩心斗角,最终选择了过自己喜欢的简单生活。选择了归隐山林,过着简单朴素的生活。

　　他归隐后,在自己的门前种上五棵柳树,自称为"五柳先生",他不为五斗米而折腰,绝不为了区区五斗米而向自己的上司弯腰乞怜。

　　他宁愿选择归隐山林,每天过着日出而作,日落而息的生活,与山林为伴,与鸟兽为友。在这期间他写下了大量的田园诗,像"采菊东篱下,悠然见南山"的旷世诗句都是在归隐之后所做。

　　正是由于陶渊明选择了他自己喜欢的生活方式,过着简单的生活,才写下了很多的田园诗。他想:与其在黑暗的官场上摸爬滚打,尔虞我诈,还不如选择过着"悠闲"简单的生活,最起码他给心灵赢得了一片净土。

　　这样,在我们的生活中,多一份舒畅,少一份焦虑;多一份真实,少一份虚假;多一份快乐,少一份悲苦。外界生活的简朴将给我们带来的是内心世界的富足,从而我们将发现新生活在我们面前展开,我们将变得更敏锐,能够真正深入、透彻地体验和理解自己的生活。

　　当我们为每一次日出日落、草木无声的生长而欣喜不已的时候,我们将重新向自己喜爱的人们敞开心扉,展现真实的自我,热情地置身于家人、朋友之中,彼此关心,分享喜悦,真诚以待。

　　到那时大家会发现,我们不是不能接近他们,不能相互沟通不是因为隔阂,而是匆忙、疲惫造成的假象。当我们轻松下来的时候，开始悠闲地生活，去体验亲密和谐，友爱无间。我们会发现，我们不是在生活中游荡不定，而是深入生活，去体会生活的本质，让生活变得更有意义。

简单的生活就是这个样子的，它让我们的内心得到满足，是一种能够让我们把心情放轻松的一种生活方式，与其我们去苦苦追寻轻松和快乐，还不如直接放下心中的一切，去享受生活。

3 幸福之道就是简约

有3个应聘者去一家公司去应聘，这时，公司的老总出现了，并且问了他们这么个问题："十减一等于几?"3个人都想：事情不会那么简单，里面肯定有什么玄机，要想回答得让老总满意，那可不是一件容易的事情。

一位应聘者自信地说："您认为等于几就等于几。"

另一个也不甘示弱地侃侃而谈："十减一等于八，那是消费；十减一等于十二，那是经营；等于十五，那是金融；等于一百，那是中奖。"那位老板看到那两位竞争者使出浑身解数想要回答出老板满意的答案的表情，老板微笑着点点头，然后把目光投向了最后一位应聘者。

此时，那位应聘者脑子里什么都没有，他也不知道该怎么说才能让老板满意，最后他做好了落选的准备，答道："十减一等于九。"谁知，奇迹就这样发生了，老总当场宣布他被录取了。

事情过后，他百思不得其解，于是就问老板："为什么会录用他，而不录用那两个竞争者。"

老板说:"是因为你诚实,十减一很简单就是等于九,可他们偏偏却说那么多,就是不肯说出那个简单的答案。"

就像被录用的那位应聘者得到的理由一样,简单得让人不敢相信,在生活中,有些时候我们费尽了心思想去获得一份工作,可事情往往却事与愿违。而相反,有时候,我们怀着简简单单的心态去应聘,结果却有意外的收获。人们往往怀着复杂的心思去猜测别人的想法,可别人真正设计出的答案却是最简单的。

在现实生活中,随着我们接触社会的时间越来越多,接触的事情越来越复杂。随着我们的想法越来越复杂,我们做事情也是越来越事与愿违。当然幸福也就离我们越来越远。其实简简单单才是幸福的生活。

有些时候我们就应该简简单单的,也许怀着轻松的心态,你会发现,简单就是解决所有问题的灵丹妙药,有些时候当你想尽了所有的办法努力去解决一件事,可是就是没有找到成功解决事情的方法的时候,我们换个简单的方法,你会发现,结果却能把事情成功地解决。这个时候,我们就应该明白,越复杂的事情,就越要用简单的方法解决。

罗素是英国著名的哲学家,他非常地长寿,活到了98岁,当记者采访他时,问到他长寿的秘诀,在饮食上有什么养生之道的时候。

他却笑着回答说:"你们问我有什么养生之道,其实我什么养生之道都没有,我从来都是喜欢吃什么就吃什么,喜欢喝什么就喝什么;困了就睡,醒了就起,我从来不专门为了因为有益于健康而特意去做任何事情。我想,什么事情只要顺其自然就会更好。"

多么简单的健康之道啊?其实,人生也何尝不是如此呢,不必把事情弄得那么复杂,一切追求简单,往往会更能达到我们预想的效果。

在生活方式上我们追求简单,能够给我们带来我们想要的健康。而我们追求心灵上的简单,能够给我们带来想要的幸福。那些长寿的人,他们的共同点都是:把事情看得平淡,对追名逐利的事情更是不放在心上。这样他们不仅长寿而且幸福。

在现代社会,生活越来越美好,物质越来越丰富,过分地追求物质财富,结果带来的是精神上的匮乏和身体上的疾病缠身。有的人生活优裕、享尽了人间荣华富贵,结果反而不如那些过着清贫生活的普通老百姓长寿，其原因在于他们生活过于讲究。无度地享受，养尊处优，胡吃海喝，结果不但没有健康长寿，反而得了一身的病。

放松的心态加上将返璞归真的生活，像这种简单的生活，才是幸福之道。对生活不要有过高的奢望，淡化人们无休止的欲望，减少生活中的琐事，减少烦恼，保持一片宁静，心旷神怡，从而形成一个良性循环。

简单地生活，减少自然需求；需求越少，人们就越自由；人们越自由，心情就会越愉快；心情越愉快，人们就会越知足，自然能健康幸福。

④ 放慢生活的脚步

从前，有一个年轻的小伙子，他天生就是一副急脾气，一次，他和他的女朋友约会，他到早了，由于他性子急，不喜欢等待，所以他很苦恼，于是就长吁短叹的。正在他苦恼长吁短叹的时候，天使降临到他面前。

他立即跪下，对天使说："好心的天使，求您帮帮我吧，让我的女朋友快来吧，等待的滋味实在太难受了，我不喜欢等待。"

于是天使送给了他一样东西，告诉他说："只要按下按钮，他就可以跳过所有等待的时间，让事情朝着他向往的方向进行。"

年轻人拿到礼物后，非常地高兴，他马上按了一下按钮，他的女朋友果真立刻出现在他面前。于是他又冒出了一个想法想马上结婚。他按下按钮，于是，他们就跳过了时间的等待，踏上了幸福的红地毯。于是他又想要孩子，他每想起一个想法就按一下按钮，就这样，他的所有想法都跳过时间的等待，全部实现了。

在很短的时间内，他拥有了家庭、事业、子女。但同时，他也加速跑到了风烛残年，行将就木的年龄。这个时候他才后悔,因为他跳过的时间太多,所有本该他享受的人生乐趣,他都没有享受到,所有本该在他人生中出现的风景他也都错过了。

就像这个年轻的小伙子一样,他不喜欢等待,天使满足了他可以不等待的要求,让他的人生可以不用品尝等待的痛苦,直接过渡到他想要的结果。但是,他不知道,人生就像一部电影一样,而天使送给他的东西就像是我们看盘用的 DVD,可以随时跳过他不喜欢的片段,而只欣赏他喜欢的片段。可事实上呢,电影再长,也会有剧终的时候,我们越是跳跃,我们看到的电影片长就越短。如果我们只欣赏几个片段,那么我们用 DVD 看就比在电影院少看了很多时间,同时,也错过了好多精彩的片段。

然而 DVD 可以倒带,可以循环播放,我们错过了可以再看一遍,然而我们人生的电影,却没有重播,也不会有续集,播完了我们的生命就终结了。至于我们错过的那些精彩片段,也只能带着遗憾就这样过去,不可能再重新来过。

在现实生活中,我们总是想跳跃事情的发展过程,不想等待,殊不知,我们的人生道路是有终点的。如果我们只是盲目地加快生活的脚步,只顾着往前跑而忽略了周围的风景,当我们跑到终点的时候,我们就会发现,我们忽略了好多精彩的片段,好多的人生乐趣,我们都没来得及享受。

人生就是一部电影的放映过程,不要奢望一步到位,直接想看到结果,因为当你看到所有结果的那一刻,也是生命终结的那一刻。不要因为某些片段的枯燥和乏味跳过。在人生电影的放映过程中,我们还需要学会忍耐和等待。

放慢我们的生活脚步,不要错过每一个精彩的片段,去体会我们一生的精彩生活。

从前有一个人,从偏远的村庄买了满满一拖拉机的西瓜,他开着拖拉机往城里赶,希望能够卖个好价钱。由于他对道路不是很熟悉,他便向路边的一位农夫打听,问这里离通往城里的大道还有多远。

农夫答道:"慢慢走,你再过十分钟就能到大路了,千万不要着急,不要提速开,如果你提速赶路,将会耗费你更多时间,甚至白赶路了。"

这个人心想:哪有这个道理?

他问完路，他不顾农夫的叮嘱，提速往前走，不料还没走几米，车轮就撞到了石头上，装满西瓜的车猛烈地摇晃一下，好多西瓜都掉到地上，结果由于车速太快，冲击力太大，轮胎也被锋利的尖石划破了。

他费了很长的时间，天都快黑了，终于可以开动了。此时，他突然想起农夫的话，他才恍然大悟，他慢慢地开着车，结果，果真很快就到达了大路。

就像这个卖瓜的一样，他不想放慢脚步，而是想一步就能到达目的，他不顾农夫的劝告，最后欲速则不达，不但没有把西瓜成功地卖出去，反而把轮胎弄破了。不但赔了本，还白白浪费了那么多的时间，其实，在我们的人生道路上，又何尝不像这个卖瓜的一样，总是希望早点达到目的。于是就马不停蹄地赶路，结果却事与愿违。

有时候，在人生中，我们需要放慢脚步，需要我们静下心来，耐心地等待，不要过分地强调速度。过分地强调速度只会适得其反。因为任何生物的成长，任何事情的成功都是需要时间的积累的，如果我们总是强调速度，就会因违背事物发展的规律而受到惩罚。做人做事情就应该重过程轻结果。

人生不过匆匆几十年，我们为什么要着急赶路呢？放慢生活的脚步，去体会人生的每一个精彩的瞬间，不要因为我们要等待而烦恼，要知道，等待也是人生的一种享受。放慢生活的脚步，用心地去体会生活，你会发现你人生的每一刻都是精彩的瞬间。

5 学会以等待为乐

海拔 4000 多米的安第斯高原是个人迹罕至、荒无人烟的地方，但是在那里生长着一种花，叫做普雅花。普雅花开花的时候非常美丽，但是它只绽放两个月，等到花谢之时就是它枯萎之时。

但普雅花还有一个鲜为人知的特性,虽然它的花期只有两个月,但是它的生长期却是一百年。也就是说,它这一生苦苦等待一百年,就只为那仅仅两个月的美丽绽放。

也许有人会为它抱不平,也许有人会觉得它很可怜,在那样人迹罕至的高原荒地,用一百年漫长时光的等待换取区区两个月的美丽。这值得吗?

可毕竟我们不是普雅花,也许在我们眼里,它的等待是不值得的,但对于普雅花来说,它的每一分、每一秒的等待都是值得的,对于它来说它的每一分每一秒都是快乐的。或许它还要感谢上苍,给了它一百年的等待时间,让它有这个目标可以等待。否则生命就像一口枯井了无生趣。

在现实生活中,很多人都不愿意等待,因为等待让人烦躁,而且还要花费时间。但是,等待在生命中是不可避免的,任何人都不能逃避等待。我们不想等待而想提前跨入那幸福的时刻,我们自以为不用等待就是幸福的。殊不知,不用等待,加快步伐只是能减轻我们焦虑的心情,其实并没有让我们更快跨入幸福的时刻。只会让我们的人生更加忙碌,更加没有希望。

就像大仲马在《基度山伯爵》中描述的一样:"人类的全部智慧就包含在这几个字里面:等待与希望。"生活中有许多种等待,等待自己另一半的出现,等待来之不易的机会,等待未来日子的到来,其实人生就是个谜局,你永远不知道下一刻会是什么。但是我们知道的是,上苍会垂怜那些善于等待的人。

我们的一生就是要在等待中度过,只有我们耐心地等待下去,我们的人生才会有希望,因为人生的下一刻值得我们去等待,当那一刻到来的时候我们才会更加快乐,才会更加地珍惜。当我们人生的那一刻到来的时候,我们回过头时就会发现,我们等待的每一分钟都是快乐的。

在生活中,有很多人都不愿意等待,因为等待的过程令人心酸,它没有理想那般绚丽多姿,令人意气风发;也没有结果那般大局已定,让人了无牵挂。在等待的过程中,时间如同磨刀石一般磨平人们心上的棱角。可是,等待也赋予了人生别样的魅力,它让人们知道,希望是什么,想要的是什么,同时也享受着每一刻等待的乐趣。

不要再为等待而苦恼，学会在等待中寻找快乐，有等待就有希望，到最后，你的希望就一定会成为现实。

6 莫要错过人生沿途的风景

在美国，一个老牌的歌星在接受媒体采访时，伤感地说："有一次，在我表演的空当中，我收到一份来自我妻子的电报，她告诉我，我们的第四个孩子出生了。在我万般高兴的同时，我突然觉得很难过，因为我们的每一个孩子的出生，我都没有在家，从没有享受过抱抱孩子，陪陪老婆的乐趣。而抚养孩子，操持家务，这所有的一切都由妻子独自承担。"

他说："我没有亲耳听到他们开始学会说话，更没有亲眼看到他们开始学会走路时的模样。另外，我和我的朋友也渐渐疏远，我好久没去聚会，或者看看花园里的树木。我曾经多次答应和妻子一起去度假，但总因为忙碌而取消。"

其实，当我们任何一个人听到他说到这儿的时候，都会禁不住为他感到惋惜，虽然他的事业很成功，但是，他为了成功错过了太多太多美好的东西，也错过了太多美好的风景。自己孩子出生，自己的孩子第一次喊自己爸爸，第一次蹒跚走路的模样，作为父母，看到这一场景的时候是多么令人高兴和兴奋的事情啊！可是这所有的美好场景他都错过了。

其实他就像是参加赛跑的马一样，戴着眼罩拼命往前跑，除了终点的白线之外，什么都看不见，殊不知在沿途也有很多美丽的风景值得我们去欣赏。人生并不是赛马，而是一种旅行。

人活一世犹如在旅行，不用在乎谁先到达目的地，不用在乎谁跑得更快，不用在乎什么结果。而在乎谁活得更长，在乎谁看沿途的风景更多，在乎谁欣赏风景时的时候心情更好!倘若人生只在乎结果而不在乎过程的话,那么世界上所有生物的共同结果只有一个,那就是死亡,那是我们共同的结果,也就是我们人生旅途的终点。

既然是这样的话,我们为什么不好好享受旅途中的每一个过程呢,欣赏旅途过程中的每一处风景呢?

一次,一个年轻人出差,结果他只买到了一张站票。车上的人非常多,非常拥挤。年轻人站在火车的过道里,随时准备等坐着的人下车抢个座位。

就在那个狭窄的过道里,有一位老人与他并肩站在过道里,他们时常被挤来挤去,年轻人问旁边有座的人在哪儿下车,对方告诉他下一站。他暗自窃喜。过一会儿,那个有座的人下车了,他刚要抢座,谁知却被一个壮汉抢了先机。他无可奈何,只能继续站着。

过一会儿,年轻人听到一声赞叹:"多美的景色啊。"老人依然凝神窗外,嘴角洋溢着笑容。年轻人顺着他眼光看去,是一条河,波光粼粼,河上有点儿小帆。确实很漂亮,可年轻人哪有这个心情去欣赏啊。

老人说:"你看,窗外的景色多美啊。"

年轻人随口敷衍:"是啊。"

老人说:"你看,那田地,那河流,那山脉,是不是美不胜收啊!"

年轻人毫不在意地笑了笑,老人很不解,问他:"难道不是吗?"

年轻人连忙说:"是的,是的。"

老人说:"我明白了,你是在笑我迂腐吧。小伙子,大家都在抢座位,却没有人留心去欣赏窗外的风景,真的很遗憾。这段路,一定要坐过去吗?就不能边欣赏风景边过去吗?我年轻时,为了眼前的东西,错过了很多的东西,错过了很多很美的风景;现在,我不再关注这些,我只想多欣赏沿途的风景。"

年轻人听后觉得心头一热,便默默地和老人一起赏着外面的风景。

其实就像老人说的那样,这一路坐着也好,站着也罢,为什么非要执迷于坐着呢?让烦恼来蒙蔽自己的眼睛,蒙蔽自己的心灵,让自己失去欣赏美好风景的心情。我们又何苦为了眼前的东西而忽略了窗外的风景呢?

人生又何尝不是如此呢,在社会上,很多人在面临地位、金钱和权力诱惑时,他们把大部分的时间和精力,都用在追名逐利上,又怎么会有闲情逸致来欣赏沿途的风景呢?到头来,当他们到达目的地时,他们才发现,他们错过了生命中最美好的东西。到那时,悔之晚矣。

人生就像旅途一样,不是要我们更快地到达目的地,而是要我们调整好自己的心情,用明亮的眼睛去发现存在美的每一个角落。有时候人生就是一台照相机,能保存我们每一个幸福的画面,留住每一道美丽的风景。

与其在人生中拼命地奔跑,还不如放慢脚步,擦亮自己的眼睛,去欣赏我们人生旅途中的每一道风景。

⑦ 休息不会浪费多少时间

工作累了就让自己放轻松一下,给自己放个假,让自己休息一下,调整一下自我。实际上,我们所谓的对别人的责任都不是最重要的,只有对自己的责任才是最重要的,别人都不靠自己,只有自己靠自己。

在工作当中,我们总是抱怨说自己太累,既然那么累,为什么不停下来休息一下呢?我们休息并不是浪费时间,因为我们休息是为了养足精神,为自己充电,充满电之后,我们再以饱满的精神和高涨的工作热情继续投入到工作当中,这并不是对时间的浪费。

其实,我们的人生也是一样,当我们走得太累的时候,不如停下脚步,休息一下,观赏一下四周的景色,等我们的体力恢复了再继续往前走。人生并不是赛跑而是旅行,并不是比谁跑得快,而是比谁更能享受过程。累了就停下来休息,恢复了体力,我们继续赶路继续欣赏人生的美景。

人生政自无闲暇,忙里偷闲得几回。就像这首诗说的一样,人生是忙碌的,我们在忙碌过程中忙里偷闲给自己一个放松的心态,也是合情合理无可厚非的。这也是符合自然规律的,在自然中,春夏生长,万物复苏,展现勃勃生机。而秋冬则万物沉寂,万物都进入休眠状态,连大自然都给万物放假休息的时间,更何况我们自己呢,该工作的时候就好好工作,该休息的时候就好好休息。这也是顺应自然规律的。

英国首相丘吉尔,在第二次世界大战期间,已年近古稀之年,他每天都必须工作16个小时以上,但是,他不会让自己休息不好的,他每天忙里偷闲,坐在汽车上就让自己打个盹,晚饭后让自己在办公室睡上几个小时,睡醒后再以饱满的精神投入到工作之中。

就算我们再忙,还能忙得过在第二次世界大战时期的丘吉尔吗?当时面对法西斯疯狂肆虐的进攻,稍有不慎就会国破家亡,即使在那种情况下他都不忘让自己休息一下,更何况我们呢?要知道休息不是浪费时间。

身体是革命的本钱,古人云:"一张一弛,乃文武之道。"人生又何尝不是如此呢,有忙的时刻,自然也要有闲暇的时刻,给自己一个放松的空间,只有让自己张弛有度,才能保护好我们革命的本钱,倘若把身体搞垮了,那以后还怎么好好工作呢。

人生就像是一根琴弦一样,讲究松紧适中,不能太松了,也不能太紧了。太松了,弹不出优美的乐曲;太紧了,琴弦容易断。只有松紧有度才能弹奏出优美的乐章。

就像泰戈尔说的那样:"休息本身也是工作,不会休息的人肯定不会工作,因为只有休息好了才能更好地投入到工作当中。"

我们不要因为休息不好,而搞垮了身体。如果身体垮掉了,那还何谈工作呢?

⑧ 上天从不为难简单的人

一天，老师给孩子们讲述《乌鸦和狐狸》的故事：一天，狐狸在无意中，看到乌鸦嘴里衔着一块肉，于是狐狸眼睛一转，便有了主意，它夸奖乌鸦身材矫健，羽毛丰满，等等。这些话让乌鸦听得忘乎所以，于是，它接着跟乌鸦说："你的歌声一定会更加好听。我非常地期待。"乌鸦听了十分高兴，信以为真，于是，就得意忘形地唱起歌来。可是刚一张嘴，肉就掉到了地上，狐狸叼起肉喜滋滋地走了。

老师继续问同学："下次乌鸦要是嘴里还有一块肉，狐狸还能从乌鸦嘴里把肉骗过来吗？"同学们都说："吃一堑，长一智，无论狐狸再怎么花言巧语，乌鸦都不可能再上当了。"

这时班里最机灵的小男孩说："像狐狸这么狡猾，它怎么可能再用上次的方法来欺骗乌鸦呢？它一定会这么对乌鸦说：上次我骗了你的肉，我妈妈狠狠地批评了我，让我回来向你道歉。她说你要是不原谅我就不让我回家，如果你不肯原谅我，我就站在这里不走了。乌鸦见狐狸一脸诚恳，肯定会对它说，你不要担心，我原谅你了。刚说完，嘴里的肉又掉进了狐狸嘴里，狐狸不又可以满载而归了吗？"他说完，结果全班的小朋友都对这个小男孩报以雷鸣般的掌声。

老师和同学都很看好这个小男孩，认为这个聪明的小男孩长大后也一定不简单，肯定会有出息。

但是最终的结局却是，很多年之后，当这位老师作为教育界知名人士去监狱做演讲的时候，遇到其中一个服刑人员居然是当年那个绝顶聪明的小男孩。

也许，那个老师真的没有想到，她不知道，在那个小男孩绝顶聪明的背后隐藏着多么可怕的东西。小小的年纪就有如此重的心机，那将来长大了还有什么不敢做的呢？

很多时候,我们从表面上看,孩子还是聪明点好,简单单纯的孩子将来会没什么作为。但换一个角度想,我们身边有一些因为简单而优秀的成功人士。这也确实不足为奇,因为聪明并不一定全是成功的最终条件。

有时候看着简单单纯的人更容易成功,因为简单的人少了些复杂的算计,相应地就多一些实际的行动。简单的人往往会把这个世界想象得特别好,心里也会充满了阳光,这并不意味着他们不知道社会的艰难险恶,也不是他们的思考水平低。而是他们必须这样做,因为这样的人容易交到朋友,容易得到别人的帮助,更加容易成功。当和他们接触一段时间之后,你就会发现,越是简单的人,就越是具有广阔的视野。他们知道什么样的态度才会让他们在这个世界上生存得更好。

在我们的生活中我们还是应该多一些简单和单纯,少一些心机和算计。这样我们会更容易在人世间立足。

在金庸的《射雕英雄传》里,主人公郭靖憨厚质朴,可谓是迂腐之极,傻乎乎的根本就没有什么心机,更别提什么人生技巧和策略。正是凭借这种简单的头脑,才让他学会了最高的武学,成为顶天立地的高手,成为万人敬仰的英雄。

相比之下,杨康不知要比郭靖聪明多少倍,他费尽了心机想学得天下最厉害的武学,最后却没有得逞。到最后却沦为卖国贼,死于铁枪庙中,遗臭万年。

郭靖和杨康他们一个可以说是简单迂腐;一个绝顶聪明,心机特重。我们总认为聪明的人一定会大有作为,而像郭靖这样的人,肯定没什么出息,还经常被师傅们打骂,还被他的师傅们称为"傻徒弟",差点就放弃教他了。可就是这样的人,他的武学造诣却远胜于他的几位授艺恩师。而那个绝顶聪明的杨康,却成为一个危险品,成为伤害别人的利器,到最后落得个人人唾弃的不忠不孝、不仁不义的卖国贼。

在社会上,不需要我们太聪明。试想,如果一个人,太过聪明,那么别人在他面前就像一张白纸,别人的想法在他面前被看得一览无余,那样的人又怎么会有朋友呢?谁没有一点隐私,谁没有一些不愿意让人知道的小算盘。可是在那样的人面前,你什么都被看透,这样的人是多么的危险。任谁也不会和他做朋友,任谁也不会帮助这样的人。

一个人太聪明,实干的精神就会相应地少一些。一个人简单一些,朋友就会多一些。人们都喜欢和简单的人打交道,都喜欢和单纯的人交朋友。所以,往往简单的人比聪明的人容易成功。

还是简简单单地做人吧,因为上天不会为难简单的人。

9 保持一颗简单的童心

被称为"伟大的先知",上帝的儿子耶稣,在一次传教的过程中。信徒们问他:"如果我们信仰上帝,真的能登上天堂吗?成为天国的子民吗?"

耶稣基督说:"不会。"

信徒们很不解,就问他:"为什么呢?"

他说:"信仰上帝是为了让你们死后能够回到天堂生活,但是如果你们想现在就想成为天国的子民。过着天堂般的生活,除非你们改变,变得像孩子一样,如果你们不能改变,在你们的有生之年,永远也不可能成为天国的子民。因为天国的子民正是像他们那样的人。"

就像耶稣基督说的,只有孩子是快乐的,他们的那份天真的简单的童心让他们过着幸福的生活。有人说:"孩子就像是被折断翅膀的天使,他们降临人间就是给人们带来快乐。"所以耶稣说天国的子民就是像孩子一样的人。

有时候我们真很羡慕小孩子,他们什么都不用想,每天只想如何让自己快乐地生活。和他们在一起会感到自己也觉得自己变小了,有时候还想回到那天真的童年时代,那时候真的很幸福。

在这个世界上,我们唯一不用努力就能得到的只有年龄,随着我们的年龄不断增长,童年的时代也渐渐离我们远去。虽然我们无法阻挡童年的远去,也不可能让我们再回到童年,但是我们可以保持一颗童心。

拥有童心可以让我们的内心世界变得更加绚丽多彩;拥有童心可以让我们心灵的花朵永远绽放;拥有童心,能够使我们的精神世界永远不会被那些愁云惨雾笼罩。

我们的生命是短暂的,时间是宝贵的,在我们的人生中,不可能什么事情都能顺我们的心意,只有童心才能减轻我们的肩膀上沉重的包袱,也只有童心会令我们拥有最开心的笑容。

保持住一颗童心,在你的内心就保留着一份童真,就拥有了一份童趣,心灵因此充满了快乐,才会看到,生活正向你展开一幅精彩的画卷。

在一次课堂上,老师问他那些刚满7岁的学生们:"你们觉得你们幸福吗?"

学生们回答道:"没错,我们很幸福。"

老师再问道:"是就今天幸福,还是每天都很幸福啊?"

学生说:"我们每天都很幸福。"

老师接着问道:"是什么使你们感到如此幸福呢?"

其中的一个学生说:"我告诉你吧,我的伙伴们和我一起玩,他们可以给我带来快乐,使我幸福,我喜欢他们;学校让我能够认识这么多的小朋友,更让我懂得了很多,让我很快乐使我幸福,我喜欢上学;老师教会我很多的东西,老师让我很幸福,我喜欢老师;还有好多我喜欢的人,他们能够带给我幸福。"

在孩子的眼中,一切都是美好的,身边的一切都能给他带来快乐。他们只记得那些能够给他们带来快乐的人和事,却从不记得那些给他们带来烦恼的人和事。这是一种发自内心的原生态的快乐,是在生活中苦苦追寻失去童心的人们所无法比拟的。

那是因为,孩子拥有了一份童心,是这份童心让他们觉得世界上的任何事物都是美好的,都能给他们带来快乐和幸福。同时也是那份童心让他们忘记烦恼。

孩子之所以会快乐,是因为那颗简单的童心让他们对任何事情都能拿得起,放得下。即使和别人吵翻了,他们也从不记仇,而是很快就忘记了,很快的他们就和那个吵翻的人和好如初，又在一起玩耍了。那种心灵的豁达是我们这些失去童心的大人们望尘莫及的。试想如果我们和别人吵翻了，我们会这样吗?恐怕我们早就和他们老死不相往来了。

也让我们保持一颗简单的童心，去追寻我们的幸福吧。

第 7 堂课

要让自己幸福，先让别人幸福

——无私付出也是一种幸福

付出也是一种幸福，当我们给予别人我们拥有的，当我们和别人分享我们拥有的同时，我们也获得了一种感激和快乐，那也是一种幸福。我们总认为只有不断地拥有才是一种幸福，然而幸福不仅仅只有得到这一种，有些时候，还有另一种幸福那就是付出。

1 给予是一种幸福

有一个又黑又窄的小巷子，在那里连个灯都没有，每到晚上，巷子里就变得漆黑一片，人们出来进去都非常不方便。

可奇怪的是，每当夜幕降临的时候，总是有一个人打着灯笼，穿梭于这条巷子之中，让巷子里一下子变得明亮了许多。

一天，夜幕再次降临人间，巷子里的居民坐在门口谈笑风生。从远处闪闪烁烁地看到了一丝的亮光。当巷子里的居民看到远处的亮光时，大家都高兴地说："大家看，那个盲人又来给我们点灯照路了，这下我们可不用害怕出去会撞到墙了。"

正在这时，一个云游的和尚恰巧经过那个巷子，他觉得这个盲人真是与众不同，明明自己看不到，却给别人照亮前方的路。于是，他走上前去和那个盲人聊起来。和尚问："施主，请恕小僧冒昧地问一句，既然你什么都看不到，为什么还要提着灯笼出行呢？"

盲人说："为了保护我自己啊。我听说，人们一到晚上，天黑的时候，他们就像我一样什么都看不见了。我点盏灯，他们看见了光，也就看见了我，也会躲开我，自然就不会撞到我身上了。"

虽然盲人什么都看不到，即使点了灯对于他来说也是枉然，他也看不到光明。但是他点起灯笼，给别人带来了光明，为大家的出行带来了方便的同时，也防止了别人撞伤自己，也保护了自己。

在现实生活中，我们总是从自我出发，以自己为圆点，以利益为半径画圆，总是为自己着想，却没有想到过别人。但是我们换一种思维，我们就会发现，我们在替别人着想的同时，也在为自己打算。凡事给别人留后路就是给自己留后路。给别人留条生路，自己才能有康庄大道可行。

给予并没有让我们损失什么，相反，它还让我们迎来更多的尊重和爱戴。当我们需要的时候，别人才会伸出援手帮助我们。有些时候，我们帮助了别人，就等于在帮助自己。我们给别人留了一扇窗，同时也给自己敞开了一扇门；我们给别人一缕阳光，同时也让自己获得了一个太阳。

给予让接受的人得到了幸福的同时，也让自己获得了幸福。

黛比已经过了知天命之年，丈夫刚去世不久，儿子又坠机身亡。残酷的事实压得她喘不过气来，她每天都郁郁寡欢，憋在家里不出来，久而久之，便得了抑郁症，甚至她想结束自己的生命，去寻找自己的丈夫和儿子。

就在这时，一位心理医生救了她，他告诉黛比："与其去寻死还不如做一些让别人高兴的事，这样你可以为你的丈夫和儿子多积阴德。"

黛比想：像我这个年纪的人，还能干什么呢？她终于想到一个主意。她曾经喜欢养花，自从丈夫和儿子去世后，花园就荒废了。于是她开始种花，花在她的精心照料下，很快就开出了鲜艳的花朵。

于是她把自己亲手栽种的鲜花送给附近医院里的病人，插在他们床前的花瓶中，让鲜花的芳香充满整个病房。医院里的病人看了非常地高兴，有了黛比的花他们康复得更快。他们都非常喜欢她。

这些人的笑容和感谢让她的心暖暖的，治好了她的忧郁症。她经常收到那些曾经得到过她鲜花的人康复出院后寄来的卡片和感谢信。这些卡片和感谢信帮助她消除了孤独感，使她重新获得了人生的喜悦。

就像黛比一样，悲惨的遭遇，残酷的现实让她的心已经千疮百孔，甚至都出现了轻生的念头。医生让她学会去做给别人带来快乐的事情，然而她在给予别人爱心，给别人带来快乐的同时，也治好了自己心灵的伤痛。

也许有人会说："我自己的心都千疮百孔了，哪还有精力去给别人献爱心啊。"实则不然，自己在治疗别人的同时也在治疗着自己，在帮别人治病的同时，也使自己的伤痛痊愈，不仅如此我们还迎来别人的爱戴和感谢。

在我们的漫漫人生道路上，如果我们还在为感到孤独而忧伤，如果我们还在为人生道路上的艰险而苦恼的时候，那么我们不如想办法让别人快乐，我们在给别人带来快乐的同时，快乐也会飞到你的身边。

就像有句古谚说的一样："赠人玫瑰之手，经久犹有余香。"也就是说，我们平常做一件很平凡很微小的事情，哪怕就赠人一枝玫瑰那么微不足道的事，它带来的温馨都会在赠花人和受花人的心底慢慢升腾、弥漫。那种香味也会留在赠人的手中，久久不能退去。

生命因为有了爱，而变得更加富有；生命因为付出了爱，而变得更有价值；鲜花也因为我们的赠与，而变得更为芬芳。

② 宽恕他人就是善待自己

在第二次世界大战结束后，法西斯德国终于投降了，德国士兵从被侵略国家的领土一批一批地撤出，道路两旁的人民想：法西斯德国侵略我们的国家，破坏了我们的家园。他们都十分憎恨德国人，都对德国兵怒目而视。

这个时候，一个老太太拄着拐杖，颤颤巍巍地走向一个年轻的士兵，递过去两个硬邦邦的面包，她难为情地解释道："不好意思，家里实在没什么吃的东西了，就剩下这些了，你拿着在路上将就着吃点吧。"

那个年轻的士兵接过面包时，当时就感动得跪倒在地上，他说："对不起，我破坏了你的家园，杀死了你的儿子，我无法弥补我的过错，但是，从此我就是你的儿子，你就是我的妈妈。"

战争给世界各国人民都带来了太多的痛苦和磨难，如果我们不学会宽容，像道路两旁的人那样，让仇恨充满了他们的心灵，那么他们又怎么会有信心重建家园，又怎么会鼓起对生活的信心，又怎么会从战争的噩梦中醒过来呢?他们本来就已经千疮百孔的心，如果再让仇恨剥夺他们照耀阳光的权利，那他们四处滴血的心又怎么可能痊愈呢?

其实做人就应该像那个老人一样，以德报怨，虽然战争让她家破人亡，但是她宽恕了别人。人心都是肉长的，当别人知道她原谅了别人的错误了，也必定会痛改前非。老人虽然已经家破人亡，但是她比别人多了一点宽容，因此她又得到了一个儿子。相信她的心伤很快就会痊愈，幸福也会时常来敲她的门的。

"人之初，性本善。"其实我们每个人一出生，都是善良的。只不过，在社会上，随着我们接触的坏东西增多，慢慢地我们就越变得贪婪、丑恶。不过，人毕竟是感性的动物。多些关爱，少些责骂，即使是冰山，也会在我们温情阳光的照耀下慢慢融化。让我们多些欢歌笑语，多些宽容，生活就会越幸福。

在美国一个市场里，有一个中国妇人，她的摊位生意特别好，其他摊位的主人都对她心生忌妒，于是大家就都把垃圾扫到她的店门口。这个中国妇人只是宽厚地笑笑，从不计较，反而把垃圾都清扫到自己放垃圾的角落。

连续好多天，一个墨西哥的商贩忍不住问道:"大家都把垃圾扫到你这里来，你为什么不生气?"

中国妇人笑着说:"在我们国家，过年的时候，都会把垃圾往自己家里扫，垃圾越多就意味着赚钱越多。现在他们每天都把钱送到我这里，我怎么舍得拒绝呢?你看我的生意不是越来越好吗?"从此以后，那些垃圾就再也不出现了。

就是因为中国妇人有着与人为善的宽容的美德，才为自己创造了一个和谐融洽的人际环境。俗话说，和气生财，她的生意自然越做越好。如果她不采取这种方式，而是针锋相对，结果又会怎样呢?

难道这些还不能引起我们的深思吗?街坊邻里，磕磕碰碰的事情时有发生。当我们受到了不公平的待遇的时候，当我们完全有理由怨恨别人的时候，我们有没有想过，当我们在怨恨他人的时候，我们自己从中得到了什么?我们用别人的错误在惩罚别人的同时，也在惩罚我们自己。当我们让别人受到伤害的同时，自己受到的伤害不是更大吗？

俗语有云："小人气大，君子量大。"所以君子能够坦荡荡，而小人就只能常戚戚了。我们在生活中都羡慕君子，鄙视小人。都想让自己成为君子，那为何不学学君子的度量，君子有容人之雅量，他们懂得宽恕别人。因为放过了别人也就等于放过了自己。

文学大师雨果曾说过："有时候我在想，世界上什么最宽阔？想到海洋非常宽阔。可是比海洋还宽阔的是天空，比天空更宽阔的是人的胸怀。"世界上最宽阔的既不是海洋也不是天空，而是人的胸怀，因为我们的心，既能容纳海洋，也能容纳天空，那么我们为什么容纳不下别人的一个小小的错误呢？

宽容是一种最恒定的福气，因为这种福气并不是别人给予的，而是一种自我的赐福，一个人如果在他的心中能装下狂风暴雨，同样，在他的心里也能开出美丽的花朵，同时也在别人心里播下了幸福的种子。

❸ 助人的同时，也成全了自己

一天，高僧正在参禅入定。突然，他看到座前的小沙弥，印堂发黑，应命不久矣，顶多7天寿命。于是，他大发慈悲，决定在小沙弥临死之前，让他与自己的母亲见上一面。

于是，他跟小沙弥说："为师算出，你母亲抱恙在床，为师准你回去7天，第八天再赶回来。"小沙弥听说母亲病了，立马慌了神，在拜别师父后，立即赶往家里。

他走着走着，突然狂风大作，雷雨交加，雨水都汇成了小溪，缓缓向低处流去。突然他看到溪水灌进了一个蚂蚁窝，有成千上万只蚂蚁都漂浮到了水面，它们拼命地挣扎，眼看就要被淹死了。

于是小沙弥就动了恻隐之心，从地上捡起了一片树叶，放到小溪里，蚂蚁看到了树叶,都纷纷往树叶上爬,结果它们都得救了。

小沙弥继续往家里赶,到家之后,他看到母亲病已痊愈,就在家陪母亲待了7天,第八天他赶回寺里。看到小沙弥平安无事,高僧很是奇怪,便问他一路上有没有发生什么奇怪的事情。小沙弥想了想,就把救蚂蚁的事说了一遍。

高僧大笑说,你知道吗?你在救助蚂蚁的同时,也救助了你自己啊。

蝼蚁且偷生,世间万物都是有生命的,佛家有云:"救人一命胜造七级浮屠。"小沙弥虽然只是给小蚂蚁放了一片树叶,却救了成千上万只蚂蚁的生命,同时也救助了他自己,他向善之心感动了上天,上天延长了他的寿命,让本来只有7天寿命的他,能够继续生活在这个世界上。

在现实生活中,我们谁没有需要帮助的时候呢?当别人出现困难的时候,我们伸出援手,那是轻而易举的事,而对于被帮助的人来说,无疑是雪中送炭。在帮助别人的同时,也帮助了自己。只有我们帮助了别人,当我们身陷困境的时候,才有可能有人来帮助我们。帮助别人的同时,也能给自己带来快乐。

富兰克林曾说:"当你对别人好的时候,就是对你自己好。多为别人着想,不仅能使你不再为自己忧虑,也能帮助你结交更多的朋友,并得到更多的乐趣。"

付出总会有收获,只有你对别人付出了,当别人遇到困难时,你付出力所能及的力量,得到的收获是在帮助别人的过程中所获得的快乐,得到帮助的人快乐,自己也快乐,那么我们还在等什么呢?

在英国,有一个农民叫弗莱明,一天他正在地里干活,忽然听到有个孩子喊"救命"的声音,他扔下农具循着声音就跑了过去,这时才发现,原来一个小男孩掉进了粪坑里,他挣扎着,眼看就要被淹死了。于是他奋不顾身,跳进粪坑救出了小男孩。

过了两天,一位绅士来拜访他,原来他就是掉进粪坑那个男孩的父亲,他的父亲特地为了感谢这个农民救了自己的孩子而来的,并送给他一大笔酬金作为报答,可是弗莱明坚决不肯接受。

绅士看他不肯接受他的酬金,于是就更加敬佩弗莱明的为人,于是他提出了一个建议，就是把弗莱明的儿子带走，让他接受更好的教育。弗莱明知道如果他不答应绅士是不会同意的，于是就最终答应了那个绅士的请求。

几十年后，农民的儿子长大成人，他首次发明了举世闻名的青霉素，拯救了成千上万条生命，造福了全人类，他就是诺贝尔奖的获得者——亚历山大·弗莱明。

试想如果不是那个农民，在别人最需要帮助的时候，伸出援助之手，那么他的儿子又怎么能获得良好的教育，成为一名受万人敬仰的细菌学家呢？

虽然他在救人的时候，帮助别人的时候，没有想过回报。但是上天是公平的，他让你在帮助别人的同时也帮助了自己。我们都应该明白这个道理，帮助自己的唯一方法就是去帮助别人。帮助别人解惑，自己获得知识；帮助别人扫雪，自己的道路更宽广；帮助别人，也会得到别人友善的回报。

在日常生活中，我们帮助别人，给予别人想要的同时，就能够得到我们自己想要的，帮助别人能够给我们带来快乐，同时，也能最大限度地减少我们自己的痛苦，这样也成就了我们自己的幸福。

④ 用宽容的心化解仇恨

有一个少女叫爱伦，已经 16 岁了，她的心里充满了仇恨，让她在仇恨中度过了 16 年，她恨她的生母遗弃了她，她恨自己的生身父母生下了她却不抚养她，把她送了人。而自己却成为一个爹不疼娘不爱的孤儿。

后来，她找到了她的父母，要问个究竟，她的父母说："当时我们都很年轻，又不是正式夫妻，我们没有那个能力抚养你，所以才把你送给别人抚养。"可是，她还是不理解，她还是恨他们。

直到有一天，爱伦的一个女友怀孕了，那个女孩非常地害怕，可是又舍不得把孩子打掉。在这期间，爱伦一直陪着她的女友渡过了难关。慢慢地，她明白了，她的生母当时的做法是有苦衷的，是对的。她开始理解自己生母的当时处境了，她明白了，她的生母把她送给别人不是因为她不爱自己，而是因为太爱自己了，所以才会把她送给别人，如果把她留在她生母的身边，她也许早饿死了。

渐渐地，爱伦对她生母的恨慢慢地被化解了。最后，她原谅了自己的母亲，并找到了属于她自己的幸福。

试想，天下谁无父母，谁无子女啊，有哪个父母不疼爱自己的子女呢？有哪个父母不在万不得已的情况下，又怎么会把自己的骨肉送给别人呢？可是爱伦不明白这个道理，结果她在仇恨中度过了十几年，别人都有一个快乐的童年，而爱伦的童年却在仇恨中度过。从而让仇恨蒙蔽了她的眼睛，剥夺了本属于她的幸福童年。

我们不是神仙，只是世间普通的饮食男女，连神仙都会有犯错误的时候，更何况我们普通人呢？当别人犯错误的时候，我们为什么不问问究竟呢？每个人犯错误的时候，都会有他们的无可奈何。我们何不以宽广的胸怀去化解别人的错误，让仇恨从我们的心中消失，给我们的心灵腾出一些空间来容纳更多的快乐。

宽容是一种艺术，是一种雅量，是开启幸福的钥匙。正因为在我们的心中有了宽容，才使我们的胸怀更加宽广。大肚能容，容天下难容之事。开口便笑，笑天下可笑之人。只有我们容下难容之事，我们才笑得出来，才会像弥勒佛一样看破世间事，如果在我们的心里都没有仇恨，那么人间处处不都是天堂吗？

在武侠小说《天龙八部》中，有这么一段描述：当时少林寺正在召开武林大会，萧远山和慕容博出现了，揭开了30年前雁门关一役的真相。

原来，当年害死萧远山妻子的罪魁祸首是慕容博，为了报杀妻之仇，他的手上已经沾满了太多的鲜血，为了报仇，他杀死了太多的人。当他看到慕容博时，他压抑不住心中的怒火，和慕容博动起手来，他们在少林寺的藏经阁里打得难解难分，这个时候，一个扫地僧出现了，用武力制止了他们的斗争。他说："你们偷学少林寺武功，因为急于求成而不得要领，最终导致走火入魔，你们练功的时候，到了一定的时间，你们身体的某个部位就会感觉非常地疼痛，如果想要医治好你们身上的伤，必须你们二人相互救助才能化解。"

萧远山说："我苟且偷生这么多年，就是为了杀死他，只有能让他死，就是让我和他同归于尽我也在所不惜。"扫地僧听他说完，于是就出手让慕容博死在萧远山面前。

这个时候，萧远山脑袋里一片空白，沉积在他心里30多年的仇恨就这么烟消云散了，他不知道接下来该干什么，他不知道自己将何去何从。因为这些年来报仇占满了他的心灵，他不知道除了报仇自己还能干什么，仇恨让他失去了太多太多。

就像剧中的人物一样，30年来他被仇恨蒙蔽了心窍，被仇恨蒙蔽了眼睛，让他在这30年来只为仇恨活着，一旦大仇得报的时候，他却不知道何去何从了。回想这30年他除了仇恨给他带来了痛苦还带来了什么?仇恨除了给他带来痛苦之外，什么都没有带给他，还让他错过了太多的东西，他不知道，在世间除了仇恨还有更多的美好的东西。

因为在萧远山的心中，缺少宽容的心，不能用宽容的心来化解仇恨。如果他当初能够用宽容的心，放下仇恨，用心去追寻新的生活，他的生活肯定要比他现在更幸福。

宽容是一种美德，它能化解一切仇恨，如果别人做错了什么，那不如大度一点，用宽容的心包容，宽容是善待他人的最好方式，不苛求不责怨，给别人一个机会，也给自己一个机会，化干戈为玉帛，让爱充满在自己的周围。

宽容能够给坐过牢的人一个改过自新的机会；宽容能给一个对生活失去信心的人无限的温暖；宽容在带给别人温暖的同时，也会使自己获得轻松。

与其费尽心机地去恨一个人，还不如放下仇恨，化解仇恨，让自己轻松一点，去寻找属于自己的幸福生活。

⑤ 主动吃亏也是福

从前,有一个屠夫,以卖肉为生,为了多赚点钱,他专门去一家秤店定做一杆秤,并嘱咐老板说,他要定做的秤,要每斤少一两,也就是说他每卖出一斤的肉,收别人一斤肉的钱,给人九两的肉。想以这种缺斤短两的方式赚钱。没过几天,秤做好了,屠夫就用那杆缺斤短两的秤做生意,出人预料的是,屠夫的生意居然越来越红火。

几年后,屠夫成了有钱人,他非常感激给他做秤的老板,于是就拿着礼品登门道谢,当他和老板说明来意的时候,老板说:"你还是去谢谢你的老婆吧,你走后,你老婆就来了,她告诉我不要给你做那杆秤,要我按照她的意思给你另做一杆秤,就是每斤多一两,也就是说,你每卖出一斤肉,收的是一斤肉的钱,实际上是给人一斤一两的肉。"屠夫听了,感到自愧不如,他明白了,他虽然表面上吃了点小亏,实际上他却占了大便宜的生意经。

后来每次他和别人合伙做生意的时候,总是让对方拿大头,自己却让利,拿小头,于是屠夫好吃亏的事情传了出去,他声名远播,来和他合伙做生意的人越来越多。几年后,这个屠夫已经成为富甲一方的商人了。

世界上的事往往就是这样,有时候,你费尽心机地去算计,结果吃亏的还是自己。有时候你主动吃一点亏,到最后自己却占尽了便宜。就像这个屠夫一样,一开始以为自己缺斤短两,占尽了便宜,可实际上却是每卖一斤就多给人一两肉。正是因为他多给客人肉,他才会顾客盈门生意兴隆。

如果那个做秤的老板听了他的话,给他做了那杆缺斤短两的秤,每斤少给人一两肉的话,那他还会生意兴隆吗?恐怕他连肉铺都关张了。也正是那个屠夫明白了,吃亏是福的生意经之后,自己主动吃亏才慢慢地使他成为富甲一方的商人。

古人云"吃亏是福"，我们吃亏是在表面上的，但是吃亏给我们带来的收益却是无形的，是长远的。

"吃亏"是一种境界，是一种睿智。能够吃亏的人，往往一生平安，幸福坦然。不能吃亏的人，在生活中斤斤计较，他只局限在自己不吃亏的狭隘的思想中，到头来只会付出更多，成为真正的吃亏者。

冯燕大学毕业后，进入一家出版社做编辑工作。刚进单位时，因为是新人，所以经常受别人的指派。有时候会被派到发行部、有时候会被派到业务部帮忙，冯燕刚开始心里也很委屈，认为自己也是一个编辑，为什么要天天像个苦力一样什么活都干，但是，她又想谁让自己是个新人呢？多干点就当锻炼了。

于是她每天都在发行部帮忙送书；到业务部，参与各种营销工作，甚至连跑印刷厂、邮寄等原本不属于她的工作，她都大包大揽了下来。渐渐地，冯燕摸清了出版社的各个业务的流程，各种工作她都能做得得心应手。

两年过后，她凭借自己的实力，成为出版公司的业务精英，薪水也上升了好几倍，没想到自己当时吃的"亏"竟让自己占到便宜了。

正是由于冯燕的吃亏精神，才更好地在工作中锻炼了自己，从而让自己迅速成长，成为一名业务精英，让自己有了更高的收入。

在生活中总有一些喜欢吃亏的人，然而能吃亏的人一般都是成功的人，他们从吃亏中学到智慧，更从吃亏中尝到甜头。因为他们知道："主动吃亏"既是成功的秘诀，也是一种哲学的思路。

它让我们知道什么是"知足"，什么是"安分"。"知足"则会对一切都感到满意，对所得到的一切内心充满感激之情；"安分"则使人从来不奢望那些根本就是不可能得到的或者根本就不存在的东西。"吃亏是福"以及"知足"、"安分"从表面上看会给人以不思进取的印象，但事实上，主动吃亏是让我们更加清楚地认识自己。

在生活中，我们不要过于算计，唯恐便宜了别人，自己吃了亏。我们冷静下来想一想，吃亏，到底是便宜了别人还是便宜了自己？

6 包容自己不喜欢的人

在一片茂密的大森林里,所有的动物都为了如何才能更容易捕获食物而绞尽了脑汁,费尽了心机。只有野驴和狮子聪明,它们选择了合作。

它们约定:野驴负责寻找食物,因为野驴有耐力,跑得远;狮子负责捕捉食物,因为狮子的爆发力好,它天生就是捕获猎物的料;它们在一起互相扶持,各取所长。因为狮子是森林之王,所以野驴同意由狮子来实施分配捕获到的食物。

它们在一起捕猎,分工协作。果然,它们总能比其他任何动物更加迅速地捕捉到肥美的食物。这样,它们的合作让双方都尝到了甜头。

然而,时间一长,双方就慢慢暴露出了自己的缺点:野驴脾气很倔,不把狮子放在眼里,经常顶撞狮子;狮子禀性霸道,每次野驴顶撞它,它就感觉自己的权威受损。

这一次,由于它们合作,它们又满载而归,狮子继续行使着分配职权。可这次,狮子却把食物分成了三份,并且霸道地说:“我拿第一份,因为我是森林之王;而且我还应该拿第二份,因为这是我们合作中我所应得的;第三份,我们可以公平竞争,不过我还是劝你赶紧滚开,把它让给我,否则你就要大祸临头了,你将成为我的第四份美餐。”

野驴忍无可忍,终于离狮子而去。可是,狮子把野驴赶跑后,食物很快就吃完了,狮子不得不开始它独自狩猎。因为缺少了野驴的帮助,狮子再也不能捕获像以前一样肥美的食物了。每当狮子饥肠辘辘的时候,都会不由得想起了野驴。

可以说,狮子和野驴它们本身就不属于同一个性格,不可能彼此一见面就会让彼此喜欢,一开始它们知道,即使自己再怎么不喜欢对方,但是为了在森林中生存,为了不饿肚子,也要包容对方,也要互相合作。可是时间一长,狮子就不耐烦了,狮子忘记了

它们当初在一起合作的初衷，不肯包容野驴，最终赶跑了野驴。从而也让自己失去了能够品尝美食的日子，又开始过上了饥肠辘辘的生活。

也许有人会说"酒逢知己千杯少，话不投机半句多"。在现实生活中，每个人都有这样的感受，和自己喜欢的人在一起，无论干什么，自己都非常高兴，都觉得特别亲切；但是，和自己不喜欢的人在一起，无论干什么，都会觉得不自在，都觉得不舒服。

可是，人是社会性的动物，免不了要和别人打交道，在我们的一生中，不可能只和我们喜欢的人打交道，而对那些我们不喜欢的人，就不予理睬，不和他说一句话。难道我们也想落得和狮子一样的下场吗？

生活就是这样，它要求我们，不仅要和我们喜欢的人打好交道，更要包容我们不喜欢的人，这样我们的空间才会更广阔，我们才能更好地立足于这个社会。

吴经理是有着直脾气，是一个敢说敢做的人，他最讨厌那些文质彬彬、不善言谈的人，他认为那种人一点都不值得信任。而张经理是那种文质彬彬、不善言谈，但心里很有志向和韬略的人。

一次，张经理满怀信心地向吴经理提出要在一起合作做生意时，吴经理说："我不喜欢你，我对你也很不信任。因此我不想跟你合作。"张经理吃了吴经理的闭门羹，感到很失落。

过了几天，有一家小公司向张经理表示愿意和他一起合作，一起赚钱。过了两年，两家企业以惊人的速度迅猛发展，为两家公司都创造了不少的收益。而张经理也一跃成为知名人士，频繁出现在各大媒体的报道上。

在一次座谈会上，张经理和吴经理再次相遇。吴经理难为情地说："我真后悔，当初自己有眼不识泰山。如果当初在一起合作的要是我们，该有多好。"

正所谓"一墙难挡八面风，一人难顺百人意"，在芸芸众生之中，又怎么可能每个人都能顺我们的心意呢，又怎么可能每个人都能让我们喜欢呢？我们只有包容那些我们不喜欢的人，才能更好抵御风险。然而吴经理恰恰不明白这个道理，他仅凭自己的个人好恶进行交际，结果不仅让自己的公司受到重大损失，而且还让自己的公司失去了一次快速发展的机会。

古人云:"海不辞水,故能成其大;山不辞土石,故能成其高;明主不厌人,故能成其众。"也就是说,大海能包容每一滴水,所以成就了它的广博与浩瀚;大山不拒绝每一粒尘土,所以才能让它挺拔高耸;明智的管理者不会厌恶各路人才,所以才会有更多的人跟随他,使他成就大业。

在生活中,我们就应该要博采众长,要海纳百川。只有包容更多的人,我们才能迎来更多的合作和朋友。这既是一种互补,又是互赢。

⑦ 少计较别人的缺点

有一个女人,她整天什么事情都不做,每天一睁开眼睛唯一的事情就是去挑别人的毛病和缺点,不是说这家的屋子脏,就是说那个人身上有什么缺点。

有一次,她的一个朋友上她家做客,她给客人倒杯水后,又开始喋喋不休地说了起来,她指着窗外说:"你看,那家的女主人真懒,多邋遢啊,洗衣服都洗不干净,你看那家晾衣绳上衣服多脏啊。"

客人顺着那个女人的手望去,于是对她说:"是吗?你看仔细点,脏的不是人家的衣服,而是你们家的窗子。"那个女人顿时变得哑口无言。

做人不应该像那个女人似的,只看到别人的缺点,看不到自己的缺点,其实脏的不只是那个女人家的窗子,而是那个女人的眼睛。不管别人家的衣服是否真的脏,那家的女主人是否真的邋遢,而我们应该做的是宽容,因为这和我们没什么关系。我们的眼睛是用来发现美的,而不是用来瞅着别人的缺点不放的。

做人就应该有一颗宽容的心,不要去计较别人的缺点,更不要指责别人的不完美。

因为我们在指责别人不完美的同时,也显示出自己的不完美。我们生活在同一个世界,每天都在一起生活,为什么不学学如何去厚待别人呢?给别人描绘一个完美的空间的同时,也给自己描绘一个完美的世界。

在生活中,我们应该学会如何用放大镜,我们的放大镜不是用来放大别人的缺点,而是应该放大别人的优点。

在现实生活中,我们谁又能保证,每个人都是完美的,每个人都没有缺点。既然世间没有完美的人,每个人都会有缺点,那么我们又何必太过于计较别人的缺点呢?

其实我们的人生也是一样,并没有绝对的完美,总会有这样或那样的遗憾,只有保持平常心,宽容别人,学会用放大镜去观察别人的优点。这样你会觉得生活充满幸福。

拥有宽容的人生本身就是一种幸福,所谓宽容就是善意地去宽待人们的各种缺点,宽容别人所有的缺点,善待别人就是善待自己。其实计较别人的缺点的同时,也暴露了自己的缺点。我们应学会,包容别人的缺点,也意味着在包容自己,这样我们的生活会更幸福。

8 多给别人一点真诚的赞美

柯恩是美国著名的小说家,他被称为是世界上最富有的文人,但是令人意想不到的是:他不是出身于书香门第,而是出身于铁匠之家,他并没有受过系统的良好的教育。可谁又知道,他的文学之路却由于一份赞美而开始,是赞美改变了他人生的轨迹。

柯恩非常喜欢文学,尤其是罗赛迪的诗,他读遍了罗赛迪所有的诗,心里对罗赛迪非常崇敬,于是他真诚地写了一篇赞美罗赛迪文学上成就的演讲稿,用来歌颂罗赛迪,并且寄给罗赛迪一份。

　　罗赛迪收到柯恩寄给他的演讲稿之后，感到既意外又高兴，他高兴的是，居然有人对自己的才学有这样高超的见解，他一定是个可塑之才，于是，他就请柯恩给他当私人秘书。

　　柯恩的一生就因为这一封赞美信而发生重大改变，这封赞美信是他从一个铁匠的儿子向一个最富有的文人转变的转折点。最后取得了举世瞩目的成就。

　　柯恩之所以能够成功，就是因为他毫不吝啬地赞美别人，试想，赞美别人并没有让我们损失什么，而别人却因为我们的赞美而变得更加高兴。受到赞美的人因为被赞美而找到了自尊，找到了他们存在的价值。

　　常言道："善言一句使人笑，恶语半句惹人跳，甜言蜜语是三冬暖，恶语伤人是六月寒。"要想使别人喜欢你，首先必须得让别人知道你喜欢他，要想让别人知道你喜欢他，就要赞美他。让他即使在寒冷的冬天也能因为你的赞美而感受到温暖。因为赞美面前，每个人都是饥饿的，无论这个人曾经受到过多少人的赞美他都不会满足。

　　赞美是对人们在社会上价值的肯定，能够使人找到自尊，能够让人找到自己的位置，当别人得到你的肯定的时候，自然会喜欢你。因为任何一个人都不会打一个赞美他的人。当我们给别人送去欣赏和赞美的同时，也让我们自己得到不一样的礼遇。

　　我们要想得到别人的尊重和赞美，那么就不要吝啬自己的赞美，多给别人一些发自内心的赞美。同时，你也获得了尊重。

　　一个年轻人陪着自己的爱人去看望爱人的姑妈。年轻人问他爱人的姑妈："看这栋房子的建筑和格局，是 1980 年建的吗？"

　　姑妈说："是啊，就是那年建筑的。"

　　年轻人由衷地赞叹："这就和我小时候住的房子一样，非常地漂亮，格局也好，只可惜现在的人都不太讲究这些了。"

　　年轻人的话让姑妈眼睛一亮，激起了她尘封很久的回忆，她说："这是我和我丈夫一起设计的，我们梦想了好多年才实现。"

　　姑妈非常高兴，带着年轻人去参观各个房间，还有她珍藏的各个物件，年轻人每看一件都会发出由衷的赞叹。这让姑妈开怀大笑。

当他们要走的时候，姑妈执意要把一辆崭新的汽车送给年轻人，年轻人说什么也不肯接受，姑妈却说："这部车子是我丈夫买的，还没买多久他就去世了，自从他走后，我就再也没坐过，你那么懂得欣赏，我很乐意送给你。"

就是因为年轻人毫不保留他真诚的赞美，才能激起姑妈尘封已久的兴趣，让姑妈找到了知音，让她找到了消失很久的快乐。所以，当年轻人起身要走的时候，姑妈才会非要给他一份大礼。

俗语有云"良朋难觅，知己难求"，人生得一知己足矣，可是有些人苦苦寻觅了一辈子，而最终也没有找到，知己真的那么难找吗？其实不是，知己并不是像我们想象得那么难找，知己只不过就是源于一句赞美，只要你不吝啬自己的赞美，多给别人一点真诚的赞美你会发现你可以是任何人的知己。

一个毫不吝啬赞美的人，他的心灵就像火种一样，走到哪里都会给人带去温暖和光明。当别人得到我们的赞美和认可的时候，他也会抱着一颗同样的心，来为你取暖和为你照亮你前进的方向。

我们的赞美像种子一样，我们播种得越多，到最后收获的也就越多。让我们都来播种赞美的种子，我们相信，到最后我们会收获更多幸福的果实。

9 分享不代表失去

有一群年轻的探险家，他们想挑战沙漠，于是，他们做好非常充分的准备，带足了食物和水，走进了沙漠。

但是，沙漠的环境实在是太恶劣了，随着的时间一天天过去，食物和水也一天天地减少，渐渐地，面对恶劣的环境，有些人支持不住了，有的饿死了，有的渴死了，最终只剩下两个人。他们两个人互相扶持，互相鼓励，在沙漠里艰难地前进着。

十多天过去了，他们仍然没有走出沙漠。可是，这时候他们却只剩下一袋面包和一瓶水。强烈的求生欲望让他们的本性全部暴露出来，于是他们决定吃掉这些东西来补充体力，做最后的冲刺。

可是当他们看到食物的时候，就开始争夺起来，甚至大打出手，结果他们其中一个人抢到了面包，另一个人抢到了水，他们谁也不肯让谁，谁也不肯给自己的同伴分享一点。结果可想而知，抢到水的，饿死了。抢到面包的渴死了。到最后，谁也没能走出沙漠，都葬身于沙漠之中，与沙漠为伴。

后来，又有一批人去那个沙漠探险，到最后也只剩下两个人，也只剩下一袋面包和一瓶水，但是他们在最后一刻，他们决定将面包一人一半，那瓶水也分着喝。最后他们都成功地走出沙漠。

这就是与人分享和不与人分享的区别，不和人分享的那两个人，到最后纷纷葬身于沙漠，而与人分享的那两个人，面对最后的困难，面对有限的食物和水，他们懂得互相扶持，互相分享，最后成功地战胜困难，战胜沙漠。不但让他们获得生命，还让他们获得了难能可贵的友谊。

在现实生活中，我们一定要懂得分享，只有我们与人分享，我们的人生才会有意义，如果我们的生命里没有分享，那么所有的感情之花都会枯萎，如果我们的生命里没有分享，那么所有的财富都没有价值。当你拥有了你梦寐以求的东西的时候，可是却没人与你分享，那么你还会快乐吗？那种孤独和寂寞是可想而知的。

人们都说："把自己的苹果分给别人一半，虽然我们失去了半个苹果，但是却收获了友谊，收获了别人的感激；把痛苦和别人分享，那么就等于别人和自己分担了一半的痛苦，自己减少了一半的痛苦；把快乐和别人分享，自己获得快乐的同时，别人也为你的快乐而快乐，那就等于我们获得了两份快乐。"

分享并不意味着失去，与别人分享意味着收获。

没有人和自己分享并不是值得我们高兴的事，而是上天给人的一种惩罚。不管你多么优秀，没有人和你分享，也不能和任何人说，别人都不知道你的优秀，是多么痛苦的事情。

在这个世界上，每个人都需要伴侣，无论在生活中遇到的是快乐还是痛苦，都需要有人分享。没有分享的人生，无论面对的是快乐还是痛苦，对人来说，都是一种惩罚。当我们获得快乐的时候总想和别人说，让别人和自己一起分享这份喜悦，获得别人认同的欲望。同样，当我们遇到困难的时候，也都想找个肩膀来靠一靠，来为自己分担一份痛苦。没有人喜欢孤独地承担一切。

不要吝啬你所拥有的，分享并不代表失去，在生活中我们分享得越多拥有的也就越多。

第 8 堂课

幸福不在未来,就在每一个瞬间

——细微之处蕴藏最大的幸福

　　人生的幸福,其实就隐藏在生活的角落里,只有我们摒除杂念,用一颗平静的心去生活细微的角落里去观察,你会发现,虽然只是生活中的一些很细微的事情,却能将你的幸福最大化。

1 心无杂念才能收放自如

　　小猴子看到一片碧绿的西瓜地，于是兴高采烈地来到瓜地偷偷摘了一个大西瓜往家走。正当它路过一棵桃树的时候，发现桃树上结满了又大又粉的桃子，于是小猴子便扔了西瓜上树摘桃子去了，于是抱着很多桃子往家走。

　　后来，它又路过苹果园，看到了又香又红的苹果，结果扔了桃子上树摘了许多苹果回家。在回家的路上小猴子摔了一跤，结果苹果全被摔坏了。最后小猴子两手空空地到了家。

　　这个故事小猴子从头到尾什么也没有得到。它不断地选择，而后又不断地放弃，以至于丧失了自己的主观意识，自己想要什么，甚至也不知道了。就在这样一次一次地选择和放弃中，它浪费了时间和精力，结果什么也没有做成。这归根到底还是它心中有太多的杂念使得它不能正确地对待所遇到的问题，也就是它不够专注。这便是它劳而不得的缘故了。

　　我们做成一件事也是如此。既然我们选择了做它，那么就应该尽力去做它，心无杂念地、专心致志地去做它。要么不做，要做，就要做到心无旁骛，做到极致。不然，这件事还有什么意义呢？我们的人生又有什么可圈可点之处呢？耗费了大量的时间和精力，到头来一事无成，这样的人生毫无意义可言！

　　从前有一个名叫秋的下棋高手，他的棋艺非常高超、精湛。秋有两个学生，他们跟秋一起学习下棋，其中有一个学生非常专心认真，集中精力跟老师学习下棋技术。

　　另外一个却一点也不认真，他自以为是地认为学下棋非常容易，用不着认真。在老师讲解教授的时候，他虽然坐在那里，眼睛也好像在看着棋子可心里却想着要是现在能够到野外打猎射下只鸿雁，美美地吃上一顿该多好。由于他总是胡思乱想、心不在焉，因而老师的讲解他一点也没听进去。

最终，虽然两个学生同是由一个老师传授棋艺，但是差距非常之大。一个进步得非常快，成为后来棋艺高强的名手，另一个则没学到一点本事。

一个人做事要想成功，首先要明确自己要的是什么，从而做到一心一意地做事。若在做事途中遇难而退，立场不坚定，随波逐流等因一系列外界因素的干扰而轻易动摇心智的话，结果是可想而知的。事业的成功十之八九多归于专心致志，心无旁骛，因此，心无杂念，方能制胜。

在生命的每一个阶段，心中总会有一个目标在指引着我们，也只为此而踏实地、不懈地、坚定地奋斗，直到这一目标的完成，又或是新的目标的出现。没有繁杂的抉择就不会有心灵的杂念；而没有心灵杂念的人，大概才能够在人生中举重若轻。有时，我们迷失了路途，不是因为太笨，而是由于太过聪明。

我们要想幸福就要学会努力去创造，最简单也是最容易的方法就是战胜自己、改变自己。只有心中没有杂念我们才能轻松下来、放下自己的紧张身段，在收放自如之间，幸福已经悄然而至了。幸福其实很容易得到，不是吗？

② 别把事情想得太复杂

1994 年 2 月，美国国家银行发展部的主管吉姆和约翰召集全体职员开会，会议的议题是改善领导层、员工和客户之间的沟通与联系，使美国国家银行成为世界上最大的银行之一。在会议结束的时候，约翰就墙上挂满的草图想出了一个主意。

于是约翰拿着记录本站了起来说道："请大家充分想象这幅图景！"

大家不解，"我们要说的就是这些，"约翰举着记录本说，"简单就是力量。"他写下这几个红色大字结束了自己的总结。大家恍然大悟，紧接着便是长久不息的掌声。

当读到这段文字时，约翰写下的这六个字一定会使我们感到振奋；更重要的是，他的思维、他的想法传递给我们的是其实事情都是简单的，我们没有必要把它想象得那么糟糕、那么复杂。

在你做任何事情之前，请树立这样一个信念：简单就是力量。拥有这种力量并非易事，我们需要改变一些习惯，从人们的需要开始。

简单，与其他理念一样，都是推动事业成功的力量；不同之处在于，如果想创造简单的工作方式，就不能围着鸡毛蒜皮的琐事大跳踢踏舞。

我们在潜意识里认为一点点小事都会影响我们的学习、影响我们的工作、影响我们的事业、影响我们的健康，甚至危及我们的生命，偏偏忘记了这件事情的本来面貌。其实仔细想想，这些事情真的有那么严重吗？

在新兵训练结束的前几天，一个新兵因害怕上战场送命而忐忑不安。他的班长在了解到这个情况后，就找到小兵与他聊天。

班长对他说："你训练结业后分到国内或国外的机会各50%。如果分到国内，你就不用害怕了。"

小兵点头。

班长又说："如果你分到了国外驻地，后勤或野战单位的机会又各50%，如果分到后勤，你也不用害怕了。"

小兵继续点头。

班长又说："即使分到了野战单位，还有后方与前线。如果是后方，你仍然不必担心。"

小兵又点头。

"如果分到了前线，有三种可能：平安、受轻伤、受重伤。假如平安，你现在不必担心；如果受了轻伤，你也不用害怕；万一不幸受了重伤，你马上就会被送回国疗伤，你还有什么担心呢?"

　　小兵想了想，仍焦虑地说:"万一我伤重致死或者在战场上牺牲了怎么办呢?"

　　班长笑笑说:"如果死了你就永远都不用担心、害怕了。"

　　小兵心安了:"人都死了，还有什么可怕的呢?"原来一直困扰的事根本没有自己想得那么严重。

　　人心是个很微妙的世界，可以容纳很大的事，也可以把极小极小的事无限扩大。更奇怪的是，人们还总喜欢对一些鸡毛蒜皮的小事发狂，觉得这个事情不解决就没有办法继续生活，总是把很多事想得过于严重。

　　事情本来再简单不过，它们往往不会比造火箭更难。但是，为什么人们常常会把事情弄得那么复杂呢?我们不知道其中的原因。当我们穿过复杂的重重迷雾时，你是否发现了简单的曙光?的确，简单就是和谐，就是统一，是一条永恒不变的自然道理。最简单的也就是最好的。

　　这里的灯泡坏了，你就生气大骂现在的东西质量不好，一个灯泡就这样打乱了你平静的心情，你不能看书，不能写字，看不清路，简直是什么都干不了了;一个电话没接到，按着来电显示打回去却没有人听，你心里就开始不安，猜测着，会不会是张三，会不会是李四，还可能是谁谁谁?他们找我会有什么事?于是你打了一通又一通的电话，没有结果，转眼间两个小时过去了，你仍不知道那个号码是谁拨的，你开始坐立不安，什么事情都做不下去，这一通电话真的有那么重要吗?公司里的人都在加班，你怕领导认为你不努力，即使做完事也要在公司假装加班，结果你身心疲劳，却仍不敢早走一分钟，你总是害怕，万一领导对我有看法怎么办呢?

　　其实仔细想想，灯泡坏了，我们不看书，不写字又能怎么样?错过了一个电话，有可能是打错的，有可能是推销的，即使真的是重要电话，多半他还会再打给你，即便是错过了，你仍在过现在的生活，又能怎么样呢?老板发现你不加班，或许他会认为你的工作效率高，就算他真的笨到认为加班的才是好员工，对你另眼相看，又能怎么样呢?你还可以忽视他的态度或者换另一份也许不比现在差的工作，那你还在怕什么呢?这么一想，你会发现很多事情没你想得那么严重。只要学会理智地处理问题。轻松地、大度地去看待每件事情，就会发现曾经的害怕竟是那么可笑。

你再遇到麻烦，不妨试着做一下一个叫做"那又怎么样"的练习。试着改变对自己提问的方式：把"如果……怎么办"改成"如果……又怎么样"。比如，"如果我向他表白，可他不喜欢我，怎么办"变成"如果我向他表白，可他不喜欢我，那又怎么样？""不会怎么样，最多就是他知道自己多了一个倾慕者。""如果下个月房租涨价怎么办"改成"如果房租涨价又怎么样"。"如果在合理情况下涨一点也可以接受，万一涨得太多，我可以再找别的房子住。"

通过这种方式，我们便可以真正地放松身心，不会把那些本来简单又无关紧要的事人为地变得复杂和严重。避免让那些并不重要的事情浪费我们的时间，而将精力集中在生命中"真正值得"重视的事物上。

3　别把小事放在心上

有一位女士总是对她的朋友们抱怨在她家附近的商店里有一个售货员，她的态度极其不好，就像欠了她钱没还似的。

后来，这位女士的一个朋友偶然知道了那个售货员的身世，于是回来告诉她的朋友。原来这位售货员的丈夫因车祸去世了，年迈的老母亲瘫痪在床多年，上小学的儿子患上哮喘病，而那个售货员每月只能得到很少很少的工资。一家三口住的是一间十几平方米的小平房。

听了那个售货员的经历，这位女士从此再也不计较她的态度恶劣，甚至还悄悄地帮助她为她做些力所能及的事。最后，她们还成了要好的姐妹。

一个人最想拥有的东西,就是这个人的大事。虽然很多事情都是从小事开始的,但是,只有专心致志地做大事,才有可能谈得上高效率。然而既有趣又悲哀的是,我们通常都能够很勇敢地面对生活里面那些大危机,却经常被一些小事情搞得垂头丧气。

在多数的时间里,我们要想克服被一些小事所引起的困扰,只要把目光转移一下就行了——让我们有一个新的、能够使我们开心一点的看法——如此一来,热水炉的响声,也可以被我们听成美妙的音乐。很多其他的小忧虑也是一样,我们不喜欢它们,结果弄得整个人很颓丧,原因只不过是我们不自知地夸大了那些小事的重要性。

做人应大气一点,不要总是沉迷于鸡毛蒜皮的小事。要知道在小事上纠缠,是对时间的浪费,也可以说是对生命的无端消耗。一个人虽不能玩世不恭、游戏人生,但也不能太较真,认死理。"水至清则无鱼,人至察则无徒",太认真了,就会对什么都看不惯,也就无法在这个社会上生存。

当然,最重要的方法,就是果断地舍弃那些小事。在现实生活中,人人都面临着无穷无尽的琐事,从积极意义上来讲,也正是这些纷繁的琐事,才构成了我们忙中有闲的生活,有滋有味的人生。但若是处理不好,这日常的琐事也会变成一种让你无法释怀的压力。

一天,有一个人来到一家咖啡馆。

这个人点了一杯拿铁,不一会儿服务生把他点的咖啡端来,并把餐桌上的咖啡壶、咖啡杯和糖罐摆好。正当他准备享用香浓的咖啡之时,忽然一只苍蝇飞进了咖啡馆,嗡嗡嗡作响地直往糖罐上飞。

顿时,这个人心情烦躁,无比生气,于是起身就用桌上的各种工具追打苍蝇。于是,他疯狂地掀翻几个桌子,又在安静的咖啡馆里大喊大叫,精美的咖啡杯被他打碎了,咖啡也撒得遍地都是。

最终也没有拍死苍蝇,而这个人眼睁睁地看着苍蝇优哉游哉地从窗口飞走了。

在一定意义上说,琐事是由很多杂乱无章的小事组成的,并且它通向的往往也是一个很小的、无足轻重的目标。比如,你要做一道工艺很复杂的菜肴,要通过几道,甚至十几道工序，很长的时间才能完成，而它的终极意义仍不过是一道菜。但如果你因为做菜花费了很长的时间，而影响了你接下来还要去做的一件很重要的事情，那么很显然花时间做菜就不是什么明智之举了。

很多其他的小忧虑也是一样，我们不喜欢它们，结果弄得整个人很颓丧，原因只不过是我们不自知地夸大了那些小事的重要性。当然，最重要的方法，就是果断地舍弃那些小事，让自己保持笑口常开。

所以，我们在做任何事情时，都要分清事情的大小轻重，抓住重点，按规律、分层次地去做，并在运作过程中不断地放松自己，化解自身的压力，放下包袱，按预定的目标不懈地努力。这样，我们就可以从烦琐的小事中走出来，成为不被那些小事所迷惑的人，消除许多不必要的压力，更加专心致志地完成工作或者事业上的大事。

要记住：千万别把小事放在心上，那样我们的幸福会离我们很远。放下一切，抛弃那些无聊无所谓的小事，幸福就会在你身边，你会感到幸福。

4 在工作中找寻快乐

美国一位心理学家途经一座山，遇到了两位石匠，他们都在用力地雕琢着石头。心理学家看见他们干得如此卖力，便走上前去。

心理学家问第一位石匠道："你喜欢做这个工作吗？"

匠人皱着眉头埋怨道："谁会喜欢天天抡动这个重得要命的铁锤来和这些没有情感的石头打交道啊？跟你说吧，这简直不是人干的活计，但是为了生活我也没有其他的选择啦！"

听了他的话，心理学家很认同地点了点头。他又走到第二个石匠跟前，他看到这个石匠满面红光，嘴里哼着小曲。

心理学家觉得非常好奇，便问道："你一定是非常喜欢这份工作吧?"

石匠用手拭去了额头上的汗珠，憨厚地笑笑说："确实如此，我很爱这份工作，每当我想到这些粗笨的石头经过我的雕琢将被别人观赏的时候，我就感到了由衷的骄傲!"

心理学家被这个石匠朴素的语言震动了，他简直无法想象，一个做如此粗鄙工作的石匠，竟然会有如此高贵的想法。

若干年后第二位石匠成了远近驰名的雕刻家，而第一位石匠仍然像本来一样一边埋怨着一边重复着那些机械的敲石头的动作。

面对同样的工作，同样的环境，两位石匠却有如此截然不同的感受。生活赋予每个人的成功机遇是同等的，只是人们所处的心态不同。就像第一个石匠满怀苦恼，把手中的工作视为无奈之举，得过且过，成果就是一事无成；而第二个石匠则用一种愉悦的心境、积极的态度来看待工作，所以生活总是会把胜利的收获带给他。如果我们都能在自己的工作中找寻快乐，用自己的热忱去构筑未来，那岂不是一举两得吗?

人生本来并不是单纯为工作，在工作之外还有人生的享乐，但有时候我们会因为不知如何自娱而陷于焦虑的泥沼。

生活得快乐与否，完全取决于一个人对人、事、物的看法如何。因为生活是由思想造成的，所以一个人的幸福并不在于他从事了什么职业，而在于他是否从这份职业中找到了真正的快乐，一份来自灵魂深处的快乐。

另一方面，你可以把工作看作是学习的过程。无论什么工作，都会教给我们很多为人处世方面的经验。做自己并不喜欢的工作，学会与职场上一些难相处的人周旋，并且在这个过程中边做边学，这样才能为日后的成功打下良好的基础。当你抱着这种积极的心态来面对工作时，你会发现工作效率高了，自己也快乐了很多。

快乐是生命中至高的境界，是我们每一个人最高的人生追求。人的一生离不开工作，而且大部分时间都需要在工作中度过。如果你在工作中感受不到快乐，人生真的就失去了很多。所以我们要在工作中寻找快乐。

寻找挖掘内心快乐工作的源泉。在工作中要调整好心情，不把家里烦恼的事情带到工作中。并从中学会处理工作和休息的关系，要知道休息是为了更好地工作，有了充足的休息之后，你才能更有精力去应对新的工作。慢慢养成这种习惯，自然而然会心情舒畅，心里就会充满快乐了。

快乐的心情，快乐地工作，每天给工作一张笑脸，工作才会给你一份惊喜与精彩。在工作中寻找到快乐，即在工作中找到了生存之道。

印度著名诗人泰戈尔曾经在《人生的亲证》中写道："我们的工作日不是我们的欢喜日——因此，我们请求节日，我们在自己的工作中不能找到节日，所以我们是不幸的。河流在向前奔跑中找到它的节日；火焰在熊熊的燃烧中找到它的节日；花香在大气的弥漫中找到它的节日，但是我们天天的工作中却没有这样的节日，这是由于我们没让自己解放，因为我们没有高兴地、完整地将自己献身于工作，以至于让我们的工作压倒了自己。"

当你进行休闲活动的时候，一定使自己完完全全地融于娱乐之中。当然，要把工作忘得一干二净并不容易，但是只要你努力地练习就不难做到。只要你学会忘记忧愁，你就可以发现你所做的活动，可以使你感到充实、满足和快活！它们会增加你生活中的丰富多彩！它们会成为你奋发图强、重新崛起的动力！经常这样做，可使你拥有无价的快乐源泉！你不仅可以回味过去的欢畅，也可以期待未来的喜悦，生命也就更加新奇有趣，你也会涌出克服困难、面对考验的新勇气！

实际上，大人可以仿效小孩子的所有游戏方式，你还可以一个人做自己喜欢的嗜好或娱乐；或者当家人或朋友在做其他的娱乐时，你在旁看书、画画，或者做你喜欢的活动，你也可以和别人一起游戏，像打打球、下下棋、玩玩牌都是很好的娱乐！这些林林总总、各式各样的活动都可以满足我们生活中各方面的需要，一旦开始追求生活中的愉快的一面，我们就会变得轻松愉快。

当你在娱乐时，你可以加强自己的信念："太好了，总算把事情做完了，真叫人高兴！现在我要去打高尔夫球，其余的事留到明天早上处理吧！那时候，我会相当轻松而精力充沛,事情一定可以做得更好!"

工作本身也是一种乐趣,你要使生活更有乐趣的话,不妨把工作弄得更有趣、更好玩。你只要花费一点心思,利用一下你的想象力,很多日常生活的例行工作,就可以在很愉快、很有趣的情况下完成,并且不会让你感到厌恶!对工作进行游戏性的趣味化的安排,是克服日常生活中大多数焦虑的最好方法。

不论你是工作狂还是退缩者,尽情地游戏吧。工作只是工作,不,要让它成为你的主宰。赶快抢来你生命的话筒,喊出你的声音,让自己成为舞台的主角,而不是工作的傀儡。

5　驱散压力,迎来轻松

一个教授在黑暗的屋子里对九个人说:"你们听我的指挥, 走过这个弯曲的小桥,它只是一座普通的桥。"九个人顺利地过去了。

走过去后,教授就打开了一盏灯,透过昏黄的灯光众人看到,桥底下有几条在蠢蠢欲动的鳄鱼,众人都吓了一跳。教授又问:现在谁还愿意跟随我过去?这次再也没人敢了。教授说:"你们不用担心,桥下面有网,不用担心被鳄鱼吃掉。"

可是只有三个人愿意尝试,第一个人颤颤巍巍,比刚才多花了一倍的时间才走过去;第二个人哆哆嗦嗦,走了一半再也坚持不住了,吓得趴在桥上;第三个人刚走了三步就吓得晕倒了……

有时候,我们发挥不出我们真实的水平,完全不在于现实世界的障碍,而完全在于内心给自己所设的限制,这种限制会重重地压得我们迈不开前进的步子。

根据世界卫生组织的统计数据,压力已经成为人类健康的第一大杀手。竞争环境的恶劣，生活上烦心的琐事，都让现代人感到压力无处不在，情绪恶化，身体情况也随之变得糟糕，反过来影响到正常的工作和生活，因而形成恶性循环。

许多心理治疗师认为：一切形态的不快乐与健康不良都起源于情绪得不到表达。他们主张，只要感受到情绪就要表达出来，完全抒发，不要作任何迟疑保留。人会变得心平气和，不受任何"包袱"拖累。你可曾留意，好好哭一场、捧腹大笑一阵，或者跟一个朋友或家人作澄清疑猜、化解张力的一席谈话之后，你感到多么舒坦。

其实，你需要做的就是打开所有使你能抒发各种情绪的管道：你的心智、你的呼吸、你的声音。此事望之复杂，实则不然。

它或许是被迫的，是一种努力，或者，它甚至只是在表演。我们已经变得如此虚假，以至于我们无法做任何真正的或真实的事，我们已经无法真正地笑，我们已无法真正地哭，我们也无法真正地沟通，一切都只是一种面具，所以当你开始做这个技巧时——刚开始时，——它或许是强迫的，它或许需要努力，或许只是在表演，但不要担心它，很快你会触及到那些你已压抑许久的源泉，而一旦它们被释放出来，你会感觉到如释重负，新的生命会来到你身上。

所以说，沟通就是一种情绪的释放，是一种发泄的方式。而它对准的目标人群是现代都市里的工作一族，他们有着太多的压力，就业的压力、住房的压力、生存的压力，各式各样的压力，让他们喘不过气来，于是他们的情绪也变得不太稳定，不良情绪经常使他们无法正常有效地工作和生活。

只有沟通才能赶走压力，才能为你带来轻松，你的心也才能腾出更多的空间来感受幸福。

6 想哭就哭，别委屈自己

美国圣保罗·雷姆塞医学中心精神病实验室专家认为：人体排出眼泪，可以把体内积蓄的导致忧郁的化学物质清除掉，从而减轻心理压力，保持心情舒坦。眼泪可以缓解人的压抑感。

测试发现，正常人的泪水是咸的，糖尿病人的泪水是甜的，而悲伤时流出的眼泪，含有更多的荷尔蒙等。人们遇到悲伤的事情时，如果能放声痛哭一场，流泪后的心情往往会好受许多，这是由于悲伤引起的毒素，通过眼泪已得到排泄的缘故。

人在不开心时，常得到的劝慰大多是笑一笑，很少有人会劝其哭一哭。哭在人们的脑海中被定格为一种对身体有害的情绪反应，往往被人们视之与不好的事情联系在一起。

哭是人们情感的流露，哭往往是由于内心感到委屈或精神受到重大刺激。该哭不哭，一味地忍，闷在心里时间久了，心中的压抑就会越积越重，精神负担也就越来越大，进而出现精神委靡、情绪低落，叹息不止，导致失眠，影响食欲，出现悲观厌世甚至轻生的念头，抑郁症往往就是这样造成的。

实际上，哭是人类常用来排泄悲伤和苦恼最自然的方法。在悲伤时人们经常会哭，妇女和儿童更是如此。所以说哭不是坏事情，哭有助于缓解悲伤、苦恼等情绪引起的心理反应。

长期以来，根深蒂固的观念都一直教导我们，哭泣是软弱的表现，尤其对男人更是如此。这样的枷锁，让我们压抑了哭泣的本能。当我们任凭痛苦和悲伤啃噬身体的同时，也同时拒绝了一种健康的宣泄模式。婴儿用哭泣来促进肺的成长，女人也因为比男人更擅哭泣而较男人长寿。哭泣是造物者赐予我们的天生本领，自有它的奥妙所在。

总之，人在情绪很不佳时不哭是有害于健康的，哭是人们情绪的正常反应，很多时候哭比笑好，哭是有益健康的。无论何种情感变化引起的哭都是机体自然反应的过程，不必克制，尤其是当你心情抑郁时，大声地哭出来，你就会获得一份好心情。既然哭是有益的，那么，让我们"当哭则哭"吧！

在很久很久以前，有一名身负重伤的士兵从战场上归来后发现他的家园被毁、爱人也背叛了他，迎接他的这一切比战场还要残酷。

他想哭，但是想起自己是战士，于是硬把眼泪忍了回去。大家都跷起了大拇指：男儿有泪不轻弹，你是个真正的英雄。

一天，国王要为女儿举行一次比武招亲大赛，许多人踊跃参加，这位战士也报名参加了。在比武中，他击败了所有敌手，取得了第一名的好成绩。为此，他又负了伤，但他咬紧牙关没有哭，连眼泪都没流一滴。他被带到公主面前时，身上还在流血，满以为公主会把他当成首选，想不到公主却淘汰了他。

公主说道："我怎么可能选一个不会哭的人做我的夫婿？"

士兵反问："哭是弱者的行为，真的勇士是从来不哭的。"

公主说："大错特错，只有坚强的人才会哭，哭维护了他心灵中至纯至美的那一部分。你不会哭，并不说明你坚强和快乐，恰恰相反，它说明你已经衰老和麻木。会哭的人还有希望与爱，而不会哭的人却没有。连哭的勇气都没有，说明你还不是一个真正的勇士，而是一个懦夫。不会为自己哭的人，也不会为别人哭；不会为痛苦哭的人，也不会为幸福哭。而一个不会哭的人，跟冷血动物还有什么区别呢？"

谁说"男儿有泪不轻弹"？那是因为没有遇到伤心事，要么就是因为心已经死了，没有任何感觉了，一个没有心的人公主当然不会选他做驸马了。就像公主所说的，眼泪并不是荒谬的东西，我们没有必要为了假装坚强而回避眼泪。人应该生活在快乐中，眼泪能够让人解压，减少暴力冲动，因此，当我们想哭的时候，就哭个痛快。

哭是一种最好的发泄方式。哭能排除人情绪紧张时所产生的化学物质，从而把身体恢复到放松的状态，缓和紧张的情绪。在该哭的时候就要哭，这样才能得到快乐和幸福。人在极度痛苦或过于悲痛时,痛哭一场,往往能产生积极的心理效应,可以防止痛苦越陷越深而不能自拔。

俗话说:花有五颜六色,人有七情六欲。喜怒哀乐都是人的一种正常情感表达方式,笑和哭都应该是有感而发,随心所欲的。

憋久了的火山总要爆发,人的郁闷情绪也总要释放,哭是释放身心的一种生理需要,所以我们还是要哭的。但是怎么哭呢,只好找个僻静的场所,没人的地方,独自一个人流泪到天明了。

哭作为一种常见的情绪反应,对人的心理恰恰起着一种有效的保护作用。哭会使心中的压抑与委屈得到不同程度的缓解和发泄,从而减轻精神上的负担,对健康有积极的作用。

人总有脆弱、无奈的一面,就像自然界一样,有花开灿烂的时候,就有花落迷茫的时候;有月圆美好的日子,就有月缺寂寞的日子。阳光总在雾开时,彩虹总在风雨后。我们的生活不会总是阳光灿烂,一帆风顺,所以我们还要学会想哭就哭,用哭释放自己的痛苦和烦恼,用哭过之后的轻松清爽心情,迎接笑的再次到来。

7 把烦恼统统都甩掉

从前有一个小和尚,每天清早起床负责打扫寺庙院子里的落叶。这实在是一件苦差事,尤其在秋冬之际,每一次起风时树叶总是扫了又落。这让小和尚头疼不已,但又想不出一个好办法。

后来有个师兄跟他说:"你在明天打扫之前先用力摇树,把落叶都摇下来,后天就可以不用扫落叶了。"

小和尚觉得这办法不错，于是隔天他起了个大早，使劲地猛摇树，他想这样一来就可以把今天跟明天的落叶一次扫干净了。一整天小和尚都非常开心。

但是第二天，小和尚到院子一看，他不禁傻眼了。院子里如往日一样落叶满地。老和尚走了过来，对小和尚说："傻孩子，无论你今天怎么用力，明天的落叶还是会飘下来。"

小和尚终于明白了，世上有许多事是无法提前的，唯有认真地活在当下，才是最真实的人生态度。

其实，只要是人，都有烦恼的时候，倘若我们是天生感情丰富的人，那么烦恼会更多，好像烦恼多于快乐。是上天真的待我们太薄吗？不是的，其实，还有非常多的人常把我们当做羡慕的对象。问题是，我们总不晓得知足，认为以我的条件，可以过得更好，拥有的财富更多，等等，欲望导致我们有更多的烦恼。俗话说："人比人，气死人。"

但是，如果我们境遇上和差的比，做人和好的比，心中便有了优越感，也有了向上追求的目标，心中的烦恼便烟消云散了。感觉天宽地阔，眼前的一切便变得那么的可爱，便有心旷神怡之感。此时，快乐便悄悄布满我们整个心田。其实，世界并不欠我们的，他人也不欠我们的。

大自然是美好的，生活是甜蜜的，要走出烦恼，可以选择转换生活的环境，让我们在新的环境中放松心情。仰头看天上行云，云卷云舒，聚了散了，散了聚了，飘来飘去，忙忙碌碌，烦恼也和这行云相同，不去理它，它也不过是自来自去；低头思皓空明月，圆了缺了，缺了圆了，诠释着轮回的真谛，人生的聚散别离，此事古难全。

到大自然中去，看溪水流淌，听虫鸣鸟叫，观绿树青草相映成趣。万物生灵皆有情，让我们体会生活的浪漫和惬意，此时，让我们体悟到，待人处世当以大度为怀，烦恼不知不觉便消失殆尽。

烦恼天天有，殊不知得困扰的原因多半是自取的。苦恼就像流不尽的苦汁，而它的源泉正在我们的心底。因此，要摆脱烦恼就必须从内心深处去根治，学会调整心态，对自己的生活方式和态度做一个适当的调整。

的确，人活在世上有许多的快乐和愉悦，也有不断的烦恼和无奈。认真地做好每一天的事情吧,无论结果如何,只要努力了,就该好好地睡上一觉。不要庸人自扰,只有这样才能消除烦恼。

赶走烦恼并不难,只要热爱生命,热爱生活。让我们一起摆脱烦恼,走出烦恼的围城,挣脱烦恼的束缚。走出了烦恼,迎来的就是幸福和微笑。走出生活的困扰,有时间就和烦恼通个电话。

刚上大一的李强同学是个帅气的男孩,他的性格比较内向,不大说话,学习非常地努力。当他来到新的环境开始烦恼起来,特别是和宿舍同学之间的关系处理得不好。

由于自己特立独行的性格,不能与同学们打成一片。自己的一些行为习惯,也不能让周围的人接受。矛盾产生了,于是总会有人对李强指指点点,这使李强非常生气。也因此常与舍友、同学吵架,为此李强非常地烦恼。

班主任老师知道了李强的事后,于是找来李强谈话。班主任根据李强内向的人格特质和敏感自卑的情绪以及缺乏沟通和交流的缺点,进行帮助、辅导。

班主任老师鼓励李强与父母多沟通,向父母多请教为人处世的方式。在进行社交时,多主动接纳别人,明白悦纳别人才等于悦纳自己的道理。平时多做做运动、听听音乐。

听了老师的话,李强慢慢地学会了与同学相处了,最终不再有烦恼了。

人生是一个五彩缤纷的万花筒,就看我们怎么去看待。烦恼太多,往往是我们的思维太习惯、太传统、太世俗,看不惯眼前的一切。如果变动一下视野,转换一个角度,也许就会完全不相同。普通百姓,虽位卑平庸,但无官一身轻,少惊少咋,活得安闲、自在。贫穷虽让人忧愁,但无须防人谋财害命,不提心吊胆,也有福在其中,有着"不风流处也风流"的洒脱,如果善于从坏中去发现好的,从苦中去寻找快乐,烦恼便会渐渐转化为快乐。

"烦恼"二字,从结构上看,从心从火,治本之道在于心。所以说"灭却心头火自凉",只要我们的内心世界一片清凉,就不会有烦恼。人生不如意的事实在太多,不要把一切都设想得太圆满、太美好;欲望尽可能少些、低些、淡些,心胸宽些、广些、随缘些,就会开心快乐地走完一生。

生活中的许多烦恼，其实并没有我们想象得那么可怕，如果我们能够耐心地去化解，烦恼也会成为成长的动力和营养。坦然面对现实，对任何既成事实的过失或者灾祸都不必去烦恼，也不必因此而不停地责备自己或他人，而应把思想和精力都放在努力弥补过失，减少损失上。否则不仅于事无补，而且还会增加烦恼，扩大事端。

烦恼，它总是一抓住机会就侵占我们的内心和思想，我们如果不狠狠地将它们抛到九霄云外去，它们就将在我们的内心生根发芽，越长越大，直到我们承受不了，被它们压垮。

每个人都曾有过烦恼或正在烦恼的时候，其实，很多烦恼都是我们自找的。一个浮躁的人往往乐于自寻烦恼。你可以寻找甜蜜的爱情，你可以寻找美好的生活，但千万不要自寻烦恼。把你过去的和现在的烦恼都统统甩掉吧！

8 不生气就是幸福

有这样一位母亲，她根本不能控制自己愤怒的情绪。每当她的孩子淘气时，她总是大发脾气。可是她越是发脾气，她的孩子就越是淘气。

这位母亲惩罚自己的孩子的办法就是把他关在屋里，并对其大声地叫骂。骂后，她自己还仍旧是愤怒不已。

与其说她在当妈妈、带孩子，倒不如说她在带兵打仗。她光知道大声叫骂，一天下来，犹如从战场归来，累得筋疲力尽。

孩子们知道他们淘气会惹妈妈生气，可他们仍然不听话。这是为什么呢？因为愤怒就是这样捉弄人：它根本不能改变别人，只能使别人更想控制动怒的人。如果要上面提到的孩子说出他淘气的理由，他或许会这样告诉你："知道怎样让妈妈动怒吗？只要说这样一句话，做那样一件事，就可以控制她，让她气得发昏。你会在屋里给关一会儿，那是无所谓的；可是你得到的却很多：以这么低的代价就在感情上完全控制了她！既然我们能对妈妈施加这么大的影响，我们应多这样逗逗她，看看她会气成什么样。"

从这个例子可以看出：在生活中，不管对什么人动怒，它只能使别人继续自行其是。尽管惹人生气的人有时会后怕，但他同时也知道他可以随意叫对方动怒，从而在感情上控制对方。可怜的是，发怒的人往往认为可以通过愤怒来控制对方。

所以，争执只是浪费时间，生气只会自讨苦吃。假如你想快快乐乐地生活，必须从面对问题和解决问题中取得平衡点，不要动不动就发怒或生气。

夕阳如金，皎月如银，人生的幸福快乐尚且享受不尽，哪里还有时间去生气呢？面对生活，你或许有点疲惫不堪，如果我们善于调理和控制自己的情绪，就能把生气这种不良情绪消灭在萌芽状态中！气是由别人吐出来而你却接纳的东西，你不看它时，它便会消散。

在大宋初年，一位名叫高防的武将。他的父亲战死沙场，在他 16 岁的时候被澶州防御使张从恩收养，后来做了军中的判官。

有一次，一个名叫段洪进的军校偷了公家的木头打家具，被人抓获。张从恩见有人在军营偷盗公物，不觉大怒。为严肃军纪，下令要处死段洪进以警众人。在情急之时为了活命的段洪进编造谎言，说是高防让他干的。

本来这点事也不至于犯死罪，张从恩对其的处理有些过头，高防是准备为其说情减罪的，但现在自己已被他牵连进去。想到凭自己与张从恩的私交，应承下来虽然自己名誉受损，但能救下军校的性命也是值得的。

所以张从恩问高防是否属实，高防就屈认了，结果军校段洪进果然免于一死，可张从恩从此不再信任高防，并把高防打发回家。

直到年底，张从恩的下属彻底查清了事情真相，张才明白高是为了救段一命，代人受过。从此张从恩更信任高防，又专程派人把他请回军营任职。云开雾散之后，高防不但没有丧失自己的生存空间，而且获得了更多人的尊重。

人的一生，要遇到许许多多不公平的事，如果面对每件事都烦恼、生气、痛苦，那么，还有什么快乐而言呢？"不气"，正是我们面对这些不公、不平的事所应有的态度，只有如此，生活才会幸福、祥和。

其实人生充满着喜怒哀乐。种种生气的不愉快经历，时时会提醒着自己：怒气会让人愚蠢，闲气会让人失神，怨气会让人灰气，坏脾气会害死一个人。要想不生气，就要时时注意心性的修炼，就要事事加强自我修养。其中，理性的思考，平和的心态，积极的自励，都是平息怒火、变生气为长志气的法宝，样样不能少。不生气是一种智慧，是一种境界，是社会和谐的重要保障，是人生的极高修炼。

生气是习惯，也是选择。愤怒在杀死我们，只要生活在这个世界上，任何人都会希望拥有一个健康的人生。但是，如果无法控制生气、愤怒，就将会危及我们的生命与生活。生气有一个明显的特征，那就是只要一生气，怒火将会攀升到不可控制的地步。

因此，早期消除怒气是非常重要的。若站在自己的立场上，就很容易产生生气的情绪；而若站在别人的立场上，就有助于相互理解，从而消除生气情绪。任何事情都不要抱着"天经地义"的观念，因为这大部分都是不合理的。不要对现实有歪曲的认知，每个人都有一种倾向，那就是很难正视现实，而这也是引起生气的重要原因。

还有，在无法控制的情况下发火，就像是拿鸡蛋碰石头一样，毫无意义，只会引起不必要的生气情绪。快乐是选择，也是习惯。生气，一次足矣；生气，一天足矣。某个人激发了你生气的情绪，如果反复纠结于此，就会越来越生气，相当于你花钱买罪受。而通常，自信心弱的人容易生气，所以必须增强自己的自信心。

第 9 堂课
亲情友情爱情，有爱的地方就是天堂
——情感是通往幸福的必经之路

　　情感是上天赐给人的礼物，人因有了情感而有心，而幸福就是要用心去感知。有情感的地方就有了家，家不仅是我们遮风避雨的港湾，更是我们心灵的依靠。当我们用心去体会的时候会感觉到，原来通往幸福的桥梁是情感。

① 亲人是我们永远的精神支柱

有一个小男孩，在他 5 岁的时候不幸得了一种怪病，一只脚要比另一只长出很多，走起路来跛得就像一只小鸭子，经常遭到周围小朋友的嘲笑以及众人异样的眼光。

懵懂的男孩哭着问父母："我为什么会这样，是不是永远都这样了？"

父母忍着泪水骗他说："孩子，不会永远都这样的，只要你努力地练习走路，经常走就会和别的小朋友一样了。"

小男孩相信了父母的话，一直在努力地练习走路。小男孩就这样在父母用善意编织出的谎言里，安心地度过了自己的童年。

后来，小男孩渐渐明白了事情的真相。他并没有伤心，更没有责怪自己的父母。因为父母为他流的泪以及多年的努力，已经将他心灵上的伤口医治好了。相反，男孩更加理解：父母所受到的心灵上的痛楚要远远超过自己所受到的。

他也丝毫没有失落的感觉，更没有任何的怨言，进而他更加地珍惜与父母在一起的快乐而短暂的时光，他心中对父母的感恩足以消除生活中一切的不如意。

躺在病床上的小男孩，面对病魔与即将到来的死神，忍受着无数的痛与苦，可他没有流过一滴眼泪，微笑着面对父母，他想让父母记住自己最灿烂的笑容。

没过多久，无情的死神还是把他带到了另一个世界，他在世间停留得如此短暂，但是他却是带着微笑离开，因为他的心中充满了对父母的爱。

亲情是世界上最灿烂的阳光，无论我们走出多远，飞得多高，亲人的目光总在我们背后。我们流泪时，他们给我们擦干眼泪，却自己在背地里心疼；我们跌倒时，他们给我们爬起来的力量；我们微笑时，他们比我们笑得还要灿烂；我们成功时，他们比我们显得更兴奋和自豪，仿佛上天给了他们多么美好的眷顾；我们因他们做错事和他们争吵时，他们低头不语，却在心底连声向我们道歉。

俗话说"滴水之恩，当涌泉相报"。父母以及其他的亲人为我们付出的并不是小小的"一滴水"，而是浩瀚的大海，他们的爱包围着我们，让我们免于受到任何的伤害。

那么我们是否在父母劳累一天后递过一杯暖茶，或是在他们生日时递上一张祝福的卡片，又或者在他们失落时奉上一番问候与安慰？

他们将所有的心血、精力都倾注在我们的身上，而我们又何曾记得他们的生日，体会他们的劳累，察觉到那缕缕银丝，那一道道皱纹。而对于身边其他的亲人我们又是否体会到了他们的关怀，对他们报有感恩之心呢？

感恩需要我们用心去体会、去报答。珍惜亲人对自己的关爱，让我们身边的亲人多多体会一下由我们带来的温暖。

在晓彤 10 岁的时候，她的父母不幸出车祸身亡了，从此晓彤孤苦无依。晓彤的姑姑把她接回家照顾，起先晓彤对姑姑一家人十分地排斥，始终认为自己是个外人，怎么都不愿意与姑姑他们说话，总是把自己关在房间里独自哭泣。

在之后的日子里，姑姑对晓彤无微不至地照顾，慢慢走进了晓彤封闭的心里。姑姑关心她的一切，对待她比对待自己的孩子还要好。

这让晓彤感觉到姑姑一家人都很爱自己，使她十分感动。晓彤喜欢美术，于是姑姑就帮她报了美术辅导班，但是学美术的费用并不便宜，这对于普通工薪家庭的姑姑家来说，是一个不小的负担，然而姑姑却没有丝毫犹豫，交了钱就让晓彤去学美术。

姑姑抚摸着晓彤的头说："晓彤，姑姑既然答应你爸妈照顾你，就会让你过得快乐，喜欢美术那就好好学吧，你这么聪明长大后一定会很有出息的。"

晓彤感动地点点头，心里暗自发誓，一定要学好知识，将来能够报答姑姑一家人对自己的照顾与关爱。

后来晓彤不负众望，考取了中央美院。去大学报到的前一天，姑姑一家给晓彤送行。

晓彤举着酒杯敬姑姑一家人，满含着感恩的泪水说："谢谢你们，是你们给了我新的生活，让我有勇气活下去，你们就是我在这个世界上最亲的人。"

晓彤毕业后，在一家广告公司上班，她把姑姑、姑父接到身边照顾。

她抓着二老的手动情地说："姑姑、姑父，你们无私地把我养大，教育我成才，现在我应该好好报答你们，我的父母我已经没有机会孝顺，因此我要好好珍惜孝顺你们二老，因为在我眼里，你们就是我的父母！"

亲人是我们生活中最值得信赖的同伴，是我们的精神支柱，亲人总是在我们最需要帮助的时候伸出援助之手，让我们顺利渡过难关，因此，有亲人在身边，我们就会有无限的力量去克服各种困难，对亲人我们应该抱有一颗感恩的心。

在我们的成长过程中，亲人给予了我们太多太多，可是很多时候我们却忽视了，只因他们的爱平凡地存在着，没有山盟海誓，没有海枯石烂，没有甜言蜜语。可他们所给予的爱却比一切来得更长久，来得更贴心。那份无言的爱，是人间最美的声音。

感谢父母和身边所有的亲人，因为有他们的存在，我们才有了拼搏的勇气与力量。有了父母与亲人的陪伴，我们的人生道路才会有一份份的爱、一份份的关怀，同时我们也多了一颗热忱、感恩的心。

身边的亲人永远都是无私地关怀、照顾着我们，为我们遮风挡雨，让我们免受伤害，健康成长。我们要感谢身边所有的亲人，因为有了他们无私的奉献，我们才能够茁壮成长。

珍惜与亲人在一起的每一分每一秒，多为身边的亲人着想，在生活中多一些谅解与体贴，珍惜每一个亲人为我们所做出的一点一滴，我们就能感受到亲情带来的美好。

② 家庭幸福需要爱的养护

有一个腿部残疾的小男孩，他常常自认为是世界上最不幸的孩子。

有一次，父亲要几个孩子每人栽一棵树，并且说："谁的树苗长得最好，就给谁买一件礼物。"

由于自卑，小男孩决定放弃。于是，在给树苗浇了一两次水后，他就再也没有管过那棵树。

出乎意料的是，小男孩的树苗却比其他孩子的长得更好。父亲给他买了一件最喜欢的礼物，并且称赞他以后一定能成为一个出色的植物家。

从此，小男孩变得自信乐观了。终于有一天，他发现父亲一直在偷偷地护育着自己的那棵小树……

倘若家庭和社交生活中也存在压力，那么你的职业生活压力就会更大。幸福的家庭生活、与配偶或孩子之间存在的相濡以沫、亲密无间的关系对我们抵抗压力的能力会产生重大影响。

被家人和朋友爱戴、需要和赞扬有助于恢复被白天事件所打击的自我形象，使我们能享受到温馨、安全的生活，还能证明他人与我们存在共识、关心我们的疾苦，我们不是孤立无援的。家庭如此重要，我们如何创建幸福家庭呢？

爱的幸福，不在于结果会是怎样，能否完美地得到、组合，而是在于爱的本身，那种追求、投入、付出、回味、等待的过程，即使有过无以言说的伤感。

人们又总是不经意间让这种美好从自己眼前溜走。一朵花不能光欣赏不培养，该加多少水分多少阳光是你获得这花朵后慢慢体味出来的。人生最有意义的时光，就是被真挚的爱包围并回报以自己的真挚。

爱与恨都是人的天性，爱得多会使人幸福、健康、年轻、充满活力；而恨得多则会使人走向反面。生活中应多一点爱，爱的成分多了，就会少一点恨，少妒忌、少争抢、少挑拣，多宽容、多理解、多关照，这是于人最好的礼物，也是获得爱的最好途径。

情不属于家庭，家庭是无条件的。一切的丑陋，恶习，脏乱，家庭都可以包容、容纳。但是在情人面前不行。情人是有条件的，有着某种目的、某种利益的牵扯，情人一方不知道另一方的内心色彩的浓淡，情人往往有各种遮掩，尽可能展示给对方最美好的一面，一旦发现不足，情人的光泽会立即蜕变。

在美国有这样一个家庭，父亲因整日忙于工作而无暇顾及孩子，以至于孩子长期得不到父亲的关爱。

有一天，父亲刚回家就又要出门，孩子问父亲："爸爸，您一小时能赚多少钱？"

"10美元，孩子。"父亲得意地回答。

孩子想了想，用恳求的语气问："爸爸，我想用10美元买您一个小时的时间，可以吗？"

家庭不仅仅是一种享受，更是一种付出，关怀、理解、信任是付出的主要角色；家庭不仅仅是一种爱的需要，更是爱的积累。家让人们相知、相契、相濡以沫，家把责任与义务紧紧相连，在走向家的过程中，人们献出真诚与执著，尝试苦痛与渴念。

因而当人们拥有这个感情色彩极浓的字眼，拥有丈夫和妻子这甜蜜、神圣、羞涩、自豪的称呼时，必定要格外珍惜，小心呵护，就像我们爱护自己的身体。

知足也是一种修养，拥有这种修养的人遇事冷静，随遇而安，轻利重义，善于自我调节，自我抚慰。知足不是不进取，知足是进取过程中的总结，也是迎接挫折的心理准备。

人生最大的敌人还是自己。每个人都向往幸福的生活，但也不乏独身者，独身不是对婚姻的抗拒，而是对婚姻的慎重。独身的人对爱情有更深的理解。独身者的乐趣不在于和谐而在于洒脱。独身者最大的苦恼不是个人的过于孤独，而是社会的过于关注。

冷漠让人厌烦，让人灰心、丧志，热情使人心灵晴朗、情感飞扬、乐施愿为。冷漠是衰老的墓志铭，热情是年轻的阳关道。让我们对每个人都多一份热情，少一份冷漠；多一份关爱，少一份忌妒；多一份宽容，少一份猜忌。这样，我们的世界该是多么的美好和谐，这样的世界也因我们而美丽，也因爱而更精彩！

其实爱是如此的简单，不管在任何时候，只要彼此总想着对方，牵挂着对方，也许会带有一丝的盲目，甚至还会有一些错误，但都是美丽的。所以，要珍惜家，要爱护家。

因此，情感支持，是家庭和谐必不可少的一部分，和谐的家庭，离不开每一个家庭成员的关爱和责任；和谐的家庭，需要每个家庭成员的情感支持。

3 每个母亲都是天使

有一个城市发生了地震，救援工作在紧张地进行。

三天后，救援工作人员依稀听得一处有声音："救命啊！快来救我的孩子啊！"

顺着声音搜索，发现是从一片废墟中传出来的。拨开废墟，发现一位年轻母亲四肢撑地，腰背弓起，顶着残砖碎瓦废梁，而在挡住的空间下，有一个婴儿，在她身下，熟睡着。

这位母亲不住地念叨着："快救我的孩子！快救我的孩子！"

当救援工作人员把她们救上来后，她第一句话就问："我的孩子怎么样？我的孩子怎么样？"

医护人员告诉她："你的孩子很好，没有危险。"

当她一听自己的孩子安全了，没有危险了，心情一松，晕倒了。医护人员赶快把她送往医院抢救。这位母亲之所以能撑到现在，是她要救孩子出去这个强烈的念头支撑着她，如果没有这个信念，她自己也不能坚持下来。

有关地震中母爱的故事数也数不清楚，那些感人的母亲用自己的生命保卫着自己的孩子。在这场地震灾难中，我们再次看到了人性的伟大光芒，母爱的巨大力量。

有人说每个婴儿出生后，由于非常纤弱所以上天为每位孩子安排了一个天使看护，那个天使的名字就叫"母亲"。为了孩子的平安，作为一位母亲是多么得辛苦，父母养育孩子是多么不容易。

当一个女性即将成为一个母亲时，她要经历涅槃般的痛苦，但正是因为度过这涅槃般的痛苦，她才能真正体会到一个生命奇迹的诞生，体会到一个母亲所要担负的伟大责任。印度哲学家奥修就曾经说："一个小孩子跟母亲之间的关系搞错了，小孩子的整个人生就搞错了，因为那是他跟世界的第一个接触，那是他的第一个关系，其他每一件事都跟他有关联。如果第一步搞错了，整个人生就搞错了。"

当孩子降生之后，女性只是成为一个生理和伦理上的母亲，而非心灵上的母亲。一个女性应该通过学习成长为一个母亲，因为你是在承担一个人所能够承担的最伟大的责任。不要以为成为一个女人就理所当然地必然会成为一个母亲，母爱是一项伟大的艺术，你必须去学习它。

对于这种学习，已经有太多的书籍在论述和阐释，而阅读这些书籍也是十分必要的。在这里，我们不妨看看一位哲人提到的两点做母亲的原则。

有一个美国旅行者在非洲撒哈拉沙漠看到这样的一幕：无人区里有一只母骆驼带着几只小骆驼一路低着头，不时地停下来闻着干燥的沙子。按照常识，美国人知道这是骆驼在找水喝。

它们显然渴坏了，几只小骆驼无精打采地走着。在太阳的炙烤下，它们的眼睛血红血红的，看起来它们有些支撑不住了。

旅行者还发现，小骆驼们紧紧地挨着骆驼妈妈，而母骆驼总是根据不同的方向驱赶孩子们走在她的阴影里。

终于，它们来到一个半月形的泉边停住了。几只小骆驼兴奋异常，打着响鼻。

可是，泉水离地面太远了，站在高处的几只小骆驼不论怎么努力也无法把嘴凑到泉水边上去。

惊人的一幕发生了。那只骆驼妈妈围着她的孩子们转了几圈，突然纵身跃入深潭……水终于涨高了，刚好能让小骆驼们喝着。

母爱是伟大的。这一点从来不容质疑，当然，也从来没有人怀疑过。泰戈尔说："母亲不仅仅属于家庭,而且还属于世界。"有人说,每个母亲都是一个天使,可当她成为母亲的那一天,她便收起了那件七彩羽衣,从此不再飞翔。

孩子源于女性的孕育,所以很多母亲自然而然地认为孩子是属于她的。但他不是你的,严格来说,你只是人类繁衍进化过程中的"工具"、"媒介",孩子并不是你的私有财产。爱他,但是永远不要占有他,否则孩子的人生就被摧毁了,变成一个"囚犯"。

房子能够被占有,车子能够被占有,但是人从来不能够被占有。在小孩子出生之前,你就要做好准备,以一个独立的人来欢迎他,而不只是把他当做你的孩子。

要以深深的尊重来对待小孩子。孩子非常脆弱、无助,所以大人们很难去尊重小孩子,但却很容易去羞辱小孩子,因为小孩子是无助的,他没有力量反抗。

像成人一样地对待小孩,不要轻易将你的想法强加在孩子身上,不要将你的喜好当成孩子的喜好,你要给他自由,去探索这个世界的自由,帮助他在探索世界的过程中变得越来越有力量。你给他能量,给他保护,给他安全,给他任何他所需要的,这全是帮助他远离你,让他有能力独自去探索世界。

成为一个母亲,你有责任将更多的欢笑、幸福和爱带进这个世界。所以,母亲不仅是家庭的,也是世界的。

4 常回家陪陪父母

小王办完事坐车回家,车正行驶在父母家附近的街道。正想着要不要去看父母,只见路边父母的身影,小王知道这是母亲陪父亲去医院看病,心不觉一阵紧缩,眼泪在眼眶打着转。

80 岁高龄的父亲出现脑萎缩的征兆,刚和他说的话转眼就会忘,家人还商量过完节带他去医院看看。

可父亲说："没事，你们忙你们的工作吧，有你妈陪着就行。"

姐姐和父母住在一起，姐姐总打电话来说："妈问你这个周末来不来?"小王总是搪塞着，儿子要上补习课没时间，下次再说吧。小王已经记不清有多少次这种电话了。每次电话的那头姐姐都是默默地挂机，而小王很少想到母亲的心情。

可就在这一刻，在看见双亲孤单地行走在人行道上的一刻，小王突然发现父母是那样的衰老、孤独。看着匆匆行走的父母，看着满头白发的父母，看着日渐衰老的父母，那句古话瞬间跃上小王的心头："树欲静而风不止，子欲养而亲不待。"

小王突然有一种生离死别的感觉，此时的泪水已夺眶而出，站在车上，小王任由泪水肆意地流淌着，这是愧疚的泪也是痛苦的泪，是对于自己不孝的忏悔的泪。

小王的心一阵疼痛，在心里发誓:爸爸、妈妈，我从今以后一定常回家看看你们，让你们在有生之年感受最温暖的人间亲情。

父母是我们人生的第一任老师，从我们呱呱坠地的那一刻起，我们的生命就倾注了父母无尽的爱与祝福。或许，父母不能给我们奢华的生活，但是，他们给予了我们一生中不可替代的东西——生命与关爱。

尽量做到常回家看看，在外打拼时也不要忘了常给家里打个电话，报个平安。不要总是想着自己享受生活，抽出时间为父母做几次饭;不要总是看自己喜欢的肥皂剧，留点时间倾听一下母亲对生活琐事的唠叨。

珍惜与父母在一起的每一分每一秒，只有与父母在一起的时候，我们才是纯粹的自己，并且可以带着孩子气，在父母面前我们永远是最放松的。

父母是我们永远的守护天使。父母住在哪里，哪儿就是我们的家，是我们永远的驿站，是我们永远温暖的港湾，纵然我们远离家乡、浪迹天涯，我们的心永远走不出那个家。何况，父母也因为我们的忙碌而生活在期盼和等待之中……

"世界上有一种人，在你身边时，千叮咛万嘱咐你，要注意保暖，要注意安全;或许你会觉得烦，但也会感觉到温馨;当你经济困窘时，他们会边用攒钱不易之类的话来训你，却边塞钱给你；当你失落无助时，他们会给你最坚毅的眼神，最大的支持和信任。这就是父母。"

从前，有个年轻人与母亲相依为命，生活相当贫困。后来年轻人由于苦恼而迷上了求神拜佛。

有一天，这个年轻人听别人说起远方的山上有位得道的高僧，便想去向高僧讨教成佛之道。

他一路上跋山涉水，历尽艰辛，终于在山上找到了那位高僧。高僧热情地接待了他。

当他向高僧问佛法时，高僧开口道："你想得道成佛，我可以给你指条道。吃过饭后，你即刻下山，一路到家，但凡遇有赤脚为你开门的人，这人就是佛。你只要悉心侍奉，拜他为师，成佛是非常简单的事情！"

年轻人听了非常高兴，谢过高僧，就欣然下山了。第一天，他投宿在一户农家，他仔细看了看，男主人没有赤脚。第二天，他投宿在一座城市的富有人家，更没有人赤脚为他开门。

第三天，第四天……他一路走来，投宿无数，却一直没有遇到高僧所说的赤脚开门人。他开始对高僧的话产生了怀疑。快到自己家时，他彻底失望了。日落时，他没有再投宿，而是连夜赶回家。到家门口时已是午夜时分。疲惫至极的他费力地叩响了门环。

屋内传来母亲苍老惊悸的声音："谁呀？"

"是我，妈妈。"他沮丧地答道。

门很快打开了，这时，他一低头，蓦地发现母亲竟赤着脚站在冰凉的地上！刹那间，灵光一闪，他想起高僧的话。他突然什么都明白了。

年轻人泪流满面，"扑通"一声跪倒在母亲面前。年轻人发现自己已经很久没有回来看望年迈的母亲，没想到离开家的几年里母亲竟然衰老了这么多，顿时心生愧疚。

生活中我们就像故事中的青年，总是在强调着我们的酸甜苦辣，却忘记了父母比我们受到了更多的苦；我们总是强调着自己对生活的无力，却忘记了父母也如同我们一样在生活，可父母却为了我们而坚强地生活着。

我们总是在强调着自己对生活、对未来的构想，却忘记了，未来的生活是因有了父母所给予的一切才变得更加触手可及，才变得更加美好幸福。因此，我们一定要常回家看看父母，多关怀父母，让父母的晚年生活过得温馨快乐。

父母的爱是无私的，我们应该珍惜父母伟大的爱，同时用自己对父母的爱，关怀照顾年迈的父母，做一个孝顺的孩子，听从父母的教导，关心父母的健康，分担父母的忧虑，参与家务劳动，不给父母添乱。如果说平时因居住地较远，工作较忙不能和老人朝夕相处，那么在休假日要尽量抽时间带上孩子去看望老人，帮老人做些家务，同老人共聚同乐，尽一份子女应尽的责任和义务。

其实，为人子女，光有孝心是远远不够的，能使我们的父母感受得到的关怀，是那种体贴入微的孝行。不要总是有意无意地找出各种理由，说没时间陪陪父母，虽然他们永远不会怪罪我们。所以，无论你在天涯还是海角，无论你在忙东还是忙西；漂泊在外的人，当你闲暇的时候，当你无聊苦闷的时候，别忘了抽出时间，常回家陪陪父母。

常回家看看，不须做多少事情，不须花多少金钱，也不须费太多时间，有了子女的陪伴，足够让父母感受到心灵的舒畅和心境的快乐，让他们的爱心有实际的着落；让父母感受到孩子对他们的挂念和关爱，让他们的心中洋溢着一股别样的幸福。让父母的心再次温暖起来，也让自己更加坦然。

朋友，如果你的生活空间很大，请为你的父母留下一块吧，如果你的生活空间狭小，那么，也请尽量给你的父母挪出一角吧。其实我们的父母要的真的不多。

5　沟通是连接亲情的桥梁

王先生家里很富裕,为了让宝贝女儿得到更好的教育,于是决定把女儿送到国外的名牌大学去深造。

王先生喜滋滋地把女儿从"贵族留学预科学校"接回家过周末后,语重心长地询问女儿在学校的情况,因为女儿在预科学校一年的花费将近 10 万元,但是她的成绩并不理想,当时女儿并没有说话,一声不吭地回房间了。

第二天,王先生出乎意料地看到一段令他心寒的文字:"我恨他,我再也不想见到他……"

望着女儿稚嫩的笔迹,身为董事长的王先生的挫败感油然而生,心灰意冷,他不明白:我对她千般呵护,万般宠爱,准备花 100 万元送她出国读书,就因为批评她几句,她就如此恨我,为什么她一点也不理解我的良苦用心?

沟通是人与人之间,特别是父母与孩子交往不可缺少的部分。与家人进行良好的沟通,能够帮助我们跟亲人之间建立亲密的关系。大多数在亲人间产生的误会,都是由于沟通不当而造成的。

沟通需要理解,理解需要换位思考,要移情。关键在父母要改变自己,因为父母是孩子的第一任老师,只有老师改变,才有孩子的改变。

家人也会因为某一些言语而有所不快,继而还滋生怨气。如果我们在与亲人说话的时候像跟客户沟通那样,稍微想想才说,多站在对方的立场、多想想才表达,也许就不会产生这么多误会。

家人也是人,也需要好好地相处,也需要相互之间的原谅,如果我们能够稍微注重一下与亲人的沟通,制造出和谐融洽的气氛,那么家人之间的关系就会变得更亲密。

我们每个人的家庭，就是我们自己的幸福温馨的港湾。当我们拖着疲惫的身躯回到家里，妻儿给我们的一句温馨问候、一杯淡淡的清茶驱散了我们一天的疲劳；每当我们在外面遇到挫折，也是妻儿帮我们承受，给了我们力量，让我们变得坚强，与家人良好的沟通就能避免误会的产生。

要常和家人交流沟通，让彼此之间更多些了解，只有避免产生误会，才不会留下遗憾，生活也就会变得更加美好。

田女士的儿子今年正在读高三，正值高考，一家人对他爱护有加，生怕照顾不周，影响孩子复习。

一段时间以来，田女士发现儿子的手机费猛涨，在家也总是遮遮掩掩地捧着电话聊个没完，田女士刚劝了儿子一句：时间宝贵，少打几个电话吧。

儿子就勃然大怒：不让打电话，我就从楼上跳下去，田女士哑然。她不敢把这事告诉丈夫，怕丈夫发脾气打孩子，儿子会真的跳楼。

一边是家长们长吁，现在的孩子太难管，不听话；一边是孩子们短叹，父母怎么不理解我们，他们不也是从我们这个年纪长大的吗？这种相互的不理解就产生了代沟。

沟通很重要，是亲人之间情感交流的桥梁。良好的沟通，能够加深亲人之间的温馨感情，多与亲人交流，就能避免很多误会，从而能够更好地生活。

交谈是最好、最直接的沟通方式，父母应主动创设谈话情境、营造交流氛围，多与子女"以心换心"。这种交谈必须建立在双方平等的基础上，父母最好是以朋友的身份参与其中，切忌用封建家长式的态度，居高临下地训斥孩子，否则会使彼此间的距离感增加。

父母要改变自己的传统思维方式。父母要明白，孩子和父母在人格上是平等的，父母要尊重孩子的人格。孩子也是活生生的人，同样像大人一样需要别人的尊重，因为"尊重"是人类高层次的需要，无论是大人还是孩子，都有对"尊重"的渴求。

沟通要从心开始，孩子要多关心父母，关心是双向的，有了关心才会有沟通的话题，才会有沟通的基础。要有良好的沟通，需要相互理解。这种理解不仅仅是听懂对方的话，更需要换位，需要移情，需要设身处地为对方着想。

要有良好的沟通还需要对话，它是通过对话来达到一种基本的认同。沟通的范围可以非常广泛，既可以是生活中的，也可以是工作中或学习中的话题。沟通只有根植于平常的日常工作、学习、生活中，大量的沟通才能够发生。

沟通的目标是全面提高生活质量。沟通是达到这一目标的最有效的手段，沟通是整个生命存在的基本目标之一。

随着孩子年龄的增长，他们与父母沟通的频率逐渐减少。父母亲通常认为与子女沟通的满意度比较高，但孩子往往不这么认为。父母与子女沟通的出发点是为了更好地维系一种亲子关系，其次才是为了解决一个问题，因此，要有良好的亲子沟通，必须要提高沟通的频率和沟通的质量，在情感的基础上解决问题。

其实，很多家长并不是不愿和自己的孩子沟通，而是不知道该怎样与自己的孩子沟通。因此，父母与子女之间要有良好的沟通，首先要学习，家长要充电，要能够跟得上孩子成长的步伐，能够与孩子就孩子关心的话题进行沟通。

此外，所有的沟通都要创造一个良好的小环境，比如可以和孩子去公园谈，去咖啡厅谈，等等，但千万别在饭桌上与孩子谈学习。只有这样，孩子才不会离家长越来越远，才能始终维持良好的亲子关系。

6 不要让家里充满指责

皮尔士与太太的婚姻差不多经历了有 50 年之久了。他曾说："我太太和我在很久以前就订下了协议，不论我们对对方如何地愤怒不满，我们都一直遵守着这项协议。这项协议是：当一个人大吼的时候，另一个人就应该静听——因为当两个人都大吼的时候，就没有沟通可言了，有的只是噪声和震动。"

在生活中，亲人之间出现矛盾，不同意见和不同观点都是正常的，我们应该互相尊重，不要因为无端的指责而破坏了彼此间的感情，双方都应该持着积极、理智的心态来面对现实生活中出现的各种矛盾。尽管生活中出现了不同的意见和观点，我们也不应该让争吵升级，把"战火"延伸到无路可退的地步。

亲人之间凡事要以诚相待，相互取长补短；要学会宽容对方的过错，在大小事情上尽量互相协调。每个人都有自己的个性，在与亲人相处的过程中，要相互体谅，而不是指责。对于生活中的琐事，不要总是指责家人的不对，要用一颗宽容的心对待亲人的无心之过。

作为一个聪明的妻子，应该多给丈夫一点夸奖，让丈夫享受阳光般的温暖。要使家庭生活幸福、快乐，夸奖更是缺少不了，它就像一块香甜的巧克力，让生活有滋有味。

就如同夫妻之间不应该有过多的指责一样，亲人之间也不应该互相指责，因为指责解决不了任何问题，只会让问题变得更加严重，与家人的相处应该心平气和，面对问题一家人应该齐心协力，劲往一处使才能尽快地将问题解决。

如果彼此只会指责，而不进行实质性的改变，那么问题就永远也得不到解决。我们应该珍惜与家人一同分担生活重任的机会，面对困难互帮互助，共同克服困难，享受苦尽甘来的生活。

小赵的父母是城里的"有产阶级"，她是父母的掌上明珠，结婚时陪嫁丰厚，丈夫是一个家在农村的大学同学，她爱他的才华横溢和相貌英俊。

婚后，她是家中的"女皇"，丈夫承担了绝大部分的家务劳动，小赵的任务就是站在旁边指点：尿布没有洗净，床下没有擦净，菜太咸了……

整天唠唠叨叨，还经常指责丈夫没本事，一点上进心也没有，在公司干了几年依然是个小职员。

丈夫脾气虽然很好，但也忍受不了妻子整日对自己的指责，于是也说了对小赵的一些不满，小赵一听就生气了，没想到丈夫对自己有了不满，又哭又闹。丈夫实在受不了，最终提出了离婚。

小赵一下子傻了，看着自己原本深爱的丈夫因为自己的几句怨言要离开自己，痛苦得整天以泪洗面。

人无完人，谁都有做错事、说错话的时候，互相不要指责。美满幸福的家庭，一般都能互相忍让，互相理解。

作为妻子，要常常同丈夫交流感情，有了误会应及时说个明白而不应该胡乱指责对方，这样只会破坏彼此间的感情。

对于新婚家庭来说，共同的责任感是婚姻稳定、家庭美满的基础，只有双方都感到对家庭负有责任，无论生活中出现什么困难和矛盾，谁也离不开谁，这样才能共同搞好家庭。

夫妻之间的相处在乎坦诚与体谅，如果要做一个完美的配偶，就请牢记以下名言：对对方多些信任和接纳，给予空间，并以行动表示谅解；应该多多包容，多多忍耐，多多欣赏，要少批评，少抱怨。

双方之间出现问题时，应多多检讨自身的过错，步伐快的拉一把对方，步伐慢的努力追上去，这样也许就可以继续前进了。

永远不要要求对方一定要怎么做。在家庭中，要多想想自己应该怎么做，而不是去要求对方应该怎么做。有时对方做得不够好，或许是有原因的，或者是个性使然，有时是因为工作太忙。

有些事今天没有做，明天也还能做，在相处的时候，千万不应该指责对方，不要急于求成。当你经常要求对方怎么做而指责对方的时候，你的家庭就可能会出现危机。感情是两个人的，所以双方都应当要求自己多付出，千万不要为了自己的付出而委屈，你应该知道，为你爱的人所做出的付出是幸福的。夫妻间应该互相支持对方，这样做你的家庭才会和睦相处。

家庭是每一个人的心灵港湾，只有先把家庭经营好了，才能很好地应对生活。

如果双方意见不能达成一致时，应该坐下来真诚地讨论你们的问题和解决这件事的方法，并达成协议。双方要努力地遵守协议。要想让你的家庭生活过得幸福快乐，就不要试图改造对方，不应该指责对方，应注意生活中的小事，最重要的要相互理解，相互信任，家庭幸福是最难得的。

如果哪个家庭中出现了不和睦，肯定十个有九个是夫妻双方不断指责对方，互相挑剔。所以，一对聪明的夫妻绝不会整天唠叨对方的不是之处，而是不断夸奖对方的优点，让对方在不知不觉中改变自己。

如果想保持你的家庭生活快乐，就请记住这条规则：不要对对方做无用的指责。

7　难以割舍的手足情

传说南朝时，京兆尹田真与兄弟田庆、田广三人分家，当别的财产都已分置妥当时，最后才发现院子里还有一株枝叶扶疏、花团锦簇的紫荆花树不好处理。

当晚，兄弟三人商量将这株紫荆花树截为三段，每人分一段。第二天清早，兄弟三人前去砍树时发现，这株紫荆花树枝叶已全部枯萎，花朵也全部凋落。

田真见此状不禁对两个兄弟感叹道："人不如木也。"

后来，兄弟三人又把家合起来，并和睦相处。那株紫荆花树好像颇通人性，也随之又恢复了生机，且生长得枝繁叶茂。

俗话说，"打虎亲兄弟，上阵父子兵"，兄弟之间和睦相处，就能够使生活变得美好。而兄弟间团结一心，就能克服所有的困难。

兄弟姐妹若能和合、没有争执，就不会让父母操心，整个家庭其乐融融，所以，子女和睦也是对父母的孝顺。

兄弟姊妹是同胞亲人，在我们需要帮助的关键时刻，挺身而出的一定会有我们的兄弟姐妹，因为我们生活在同一个时代，受到相同的教育，更重要的是，我们身上流淌着同样的血，这就注定我们必然会互相关怀与帮助，因为我们是一家人。

兄弟姐妹间的感情是真诚而又强烈的，兄弟姐妹由于年龄相近，许多想法都会比较接近，沟通起来非常方便。拥有兄弟姐妹是非常幸福的，他们为我们的生活增添了不少快乐与感动。珍惜手足之情，它是我们人生中必不可少的感情。

"兄弟睦，孝在中"：兄弟姐妹若能和睦相处，不让父母操心，这个家才是兴旺之家，所以，子女和睦也是对父母的孝顺。但我们这个时代，独生子女居多，上无兄姐下无弟妹，父母当我们是天上派下的小公主、小王子，所以自己集万千宠爱于一身，而我们自己也觉得自己"天上天下，唯我独尊"，没人敢惹、没人敢说。在这种环境中长大的孩子，生活能力往往很差。

当然，要让孩子做好人，父母、老师都有责任，都值得努力。否则，孩童时代教育不好，长大以后重新再来，那就非常麻烦了。有些人从小搞不好兄弟关系，长大后在单位里待人接物也会捉襟见肘。

⑧ 有朋友的人生更幸福

有一个年轻人得罪了国王，国王判他死刑。他是个大孝子，在牢狱中，他提出要回家看老母最后一眼。

国王同意了，但必须由人代替他。没有人愿意，除了他的好友银之外。银代替他坐了牢，可他没有回来。

行刑的那天，银坐在囚车里，天下着大雨。大家正要行刑时，他回来了。国王被这真挚的友情感染了，下令放了他和银，并赏了他们万两黄金。

俗话说："在家靠父母，在外靠朋友。"此话说得很好，出门在外，没有几个能够托付身心的朋友，人生岂不太孤独无援了？培根说："缺乏真正的朋友，乃是最纯粹、最可怜的孤独。"的确，没有友谊，没有关心，没有爱的人生是不幸的。

我们应认清什么是真正的朋友。在交友时，应多交益友，而不应与唯利是图的小人或酒肉之徒结为朋友。建立在金钱关系上的朋友不可靠，人之相知，贵在知心，正所谓"浇花浇根，交友交心"。真正的朋友，当你走投无路的时候，能够给你有力的鼓励，而当你趾高气扬的时候，也敢于为你"浇冷水"；真正的朋友，是不会张口就是友谊，闭口就是义气的，他们不会向你提什么要求，却会在你困难时挺身而出。

朋友是可以一起打着伞在雨中漫步；是可以一起骑了车在路上飞驰；是可以沉溺于美术馆、博物馆；是可以徘徊于书店、画廊；朋友是有悲伤一起哭，有欢乐一起笑，有好书一起读，有好歌一起听……

朋友是常常想起，是把关怀放在心里，把关注盛在眼底；朋友是相伴走过一段又一段的人生，携手共度一个又一个黄昏；朋友是想起时平添喜悦，忆及时更多温柔。

朋友如醇酒，味浓而易醉；朋友如花香，芬芳而淡雅；朋友是秋天的雨，细腻又满怀诗意；朋友是十二月的梅，纯洁又傲然挺立。朋友不是画，它比画更绚丽；朋友不是歌，它比歌更动听；朋友应该是诗——有诗的飘逸；朋友应该是梦——有梦的美丽；朋友更应该是那意味深长的散文，写过昨天又期待未来。

有两个朋友患难与共，形同亲兄弟。神不相信人间还有真正的友谊，于是就设计考验他们。

有一天，这两位朋友在沙漠中迷失了方向，面临死亡。

这时神出现了并对他们说："我的孩子，前面一棵树上有两个果子，吃下大的那个，就能抗拒死亡，走出沙漠；而小的那个，只能令你苟延残喘，最终还会极痛苦地死去。"

两个朋友向前走了一段路，果然发现了一棵树，也发现了树上的两个果子。可是，他们谁也不去碰那个会给一个人带来生命之光的果子。

夜深了，两个好朋友深情地凝望着对方，他们都相信，这是他们的最后一晚。当太阳从沙漠的一端再次升起的时候，其中一个朋友醒过来，他发现，另一位不在了，而树上只剩下了一个干干巴巴的小果子。

他失望了，不是因为死亡，而是因为朋友的背叛。他悲愤地吃下了这个果子，继续向前方走去。

大约走了半个多小时，他看见了倒在地上的朋友，朋友已经停止了呼吸，可是他的手里紧紧握着一个更小的果子。

有朋友的日子里总是阳光灿烂，花朵鲜艳，有朋友的岁月里天空不再飘雨，心不再润湿，有朋友的时候才发现自己已经拥有了一切。我们可以失去很多，但不能失去的是朋友。

朋友不是一段永恒，朋友也只是生命中的一个过客，但因为这份缘起缘灭使生命变得美丽起来。即使没有将来又有何关？至少，不能忘记的是朋友以及与朋友一起走过的岁月。

朋友的美不在来日方长；朋友最真是瞬间永恒、相知刹那；朋友的可贵不是因为曾一同走过的岁月，朋友最难得是分别以后依然会时时想起，依然能记得：你，是我的朋友。

让我们敞开友谊之门吧，很多时候，我们抱怨孤独，抱怨没有真正的朋友。其实，是我们自己先把自我封闭在一个狭窄的世界里了，假如你不先伸出友谊的手，却希望人家来握你的手，何异于想"在沙漠里抓鱼"呢？

敞开你的心扉，主动结交一些真正的朋友。当你孤独时，当你烦恼时，不妨打个电话给朋友，不妨邀朋友一块散散步，或是共进晚餐，或者亲自去看望一下久违的朋友……

做完这一切后，或许你会突然发现：有个朋友真好！和别人不能说的话，和朋友却可以说；有了困难，还是朋友鼎力相助；自己卧病在床，是朋友手捧鲜花前来探望……友谊使我们领略到了生命的意义。

9 长久的爱需要彼此尊重

东汉初年，有个叫梁鸿的隐士，家境贫寒但为人清高，很多人都想把女儿许配给他，而梁鸿却屡屡谢绝他们的好意。

与他同县的一位姓孟的人家，家里有个女儿长的又黑又胖，模样也很丑陋，但力气极大，能够轻而易举地把石臼搬起来。家人多次给女儿找婆家，可她就是不嫁。

一转眼，孟家的女儿已经三十出头了，父母问她为何不嫁，她答道："要嫁，就要嫁给像梁鸿那样有贤德的人。"

梁鸿听说这件事后，决定娶该女子为妻。婚后七天，他们考验彼此，结果两人都被对方的品德折服。梁鸿为妻子取名为孟光，字德曜，他希望妻子的仁德能够像光芒一般闪耀。

后来，他们两人在霸陵山隐居，过着男耕女织的生活，非常恩爱。每次吃饭的时候，孟光都会把盛饭的托盘高高举在眉前，请丈夫用饭，以此来表示敬意，这也就是人们后来所说的"举案齐眉"。

尊重，需要我们用心去贴近那个人。尊重他的生活方式，尊重他的习惯，尊重他的爱好，尊重他的追求，哪怕这些点滴是你所不习惯，甚至是讨厌的。你可以不接受他，但一定要尊重他。

在爱情中，不论男人还是女人，都应该懂得尊重对方，也都希望得到对方的尊重。尊重他人，是一种修养，也是一个人的品德。它常常与善良、真诚、谦逊、宽容、赞赏、友爱等美好的品性相得益彰。那些受人尊重的女人都有一颗值得别人尊重的高贵灵魂。

一个温柔的女人，必定懂得尊重他人。在尊重他人的同时，也得到了他人的尊重。女孩会因为男孩的绅士举止而感激他，并因为他对自己的尊重，而更加尊重对方。

所以，温柔的女人不会总是抱怨，她会温柔地看待爱人的一切，接纳爱人的一切。她不会总是盯着他身上的缺点，让自己痛心疾首。当心里没有了怨言，才能用平和的语调与他沟通，才能有温柔的举动，爱才能正确地表达。

婚姻是属于自己的，情感是属于自己的，敬重爱人也是属于自己的。柴米油盐酱醋茶，多年的平凡生活会磨掉夫妻很多情调、很多浪漫，但是女人应当在岁月的返璞归真中留存着一份尊重。在婚姻生活中，男人最需要的是妻子的尊重，当你得意的时候，尽量不要在他面前太显山露水，这样会给他增加巨大的生活压力；当他失意的时候，你也不要过于担心他的得失，让他觉得你在步步紧逼。

当他自命清高的时候，也不要指责他，让他觉得没有人懂他；当他在外面高谈阔论，甚至吹牛的时候，记得不要揭穿他、反驳他，满足他的好强与虚荣心；当他在家做家务的时候，就算没有干好也不要大肆地打击他，这会让他的热情一落千丈。

而对方也会因为她的尊重，而更加珍惜、更加尊重她。同样地，一个女人要让自己的爱情开出灿烂的桃花，结出甜美的果实，也要找到一个懂得尊重自己的男人。

现代人生活在一个充分展示自我，强调个性的大环境中，我们可以看到身边有些女性朋友，之所以婚姻不幸福并非是因为原则问题引发的，也不存在所谓的背叛和移情别恋，更多的是因为个性、脾气和生活细节的不收敛和不节制导致的，而这些不收敛和不节制的出现正是因为没有把敬重对方作为共同生活的一个原则。

当你对爱人有什么不满的时候，应该与他交流，沟通协商，不要独断专行，为对方做主。尽管有时候你确实是为了他好，但他不一定会领你的情。因为每个人都有自己的处世方式，都希望自己的主人是自己，而不是别人。

我们总会听到这样的话："我们之间明明有爱，可为什么并不幸福，甚至到了要离婚的边缘？"爱情将两个陌生的人连接在一起，让他们体验新奇与美妙的情感真谛，随着时间的推移，所有激情又慢慢地回归到平淡的生活中。

面对柴米油盐、纷繁的家庭琐事，两个人想要依靠"彼此相爱"的誓言将婚姻生活长久地维系下去恐怕还不够，因为少了一块叫做尊重的基石。夫妻需要相互的谦让、体

谅和互相敬重。

当你和他一同迈进婚姻的围城的那一刻起，你们就是同为一体的，他中有你，你中有他，也正是因为彼此太过于熟悉，很多时候言语间都会有嘲讽，渐渐地敬意也就被忽略了。

可是，女人想要获得幸福，婚姻中的敬意必须要保留。这种敬重并非是说彼此相敬到如宾客的地步，那样未必有点离谱和呆板，而且对待爱人像对待客人一般，婚姻生活也会变得枯燥，缺乏生命与活力。婚姻中的敬重，来自对对方的欣赏，在多年的生活中不断地发现对方的优点，不断地欣赏对方的优点，并且不断地看到这些优点对于自己的婚姻切切实实的作用，这才是婚姻生活健康维系的重要前提。

如果你能够怀着一颗尊重的心面对爱人，你才会发现自己的内心是如此平静，不再总是抱怨，而是完全地接纳对方的一切，对方身上那些"毛病"也不再会像刺一样扎你的心。心中没了怨气，才能有和缓的语调，才能有温柔的举动，爱才能得到正常的表达；而对方也会因为你的懂得，回报给你同样的尊重与爱。

第 10 堂课

默默耕耘无怨悔，付出自会有回报

——努力的过程就是幸福的过程

幸福不是一种结果，不是靠我们整天坐着等，就能得到的；幸福是一种过程，靠我们去努力拼搏才能得到。其实，在我们努力的过程中就享受着幸福，努力的过程就是幸福的过程。

① 再差的牌也有可能会赢

在英国一个小镇上，为了募捐善款，丽莎所在的学校正准备排练一部叫《圣诞前夜》的话剧。得知消息后，丽莎第一个去报名要求当演员。

她的目标是出演剧中的女儿。但是到定角色那天，丽莎却一脸冰霜地回到了家，因为她被告知，她的角色是一只狗。

整个晚饭时间，丽莎不是抱怨牛排太咸，就是埋怨土豆太淡，搞得一家人都没了胃口。

饭后，爸爸把丽莎叫到书房，两个人谈了很久。虽然他们拒绝透露谈话内容，但是第二天人们又看到了那个快乐的丽莎。她不仅没有拒绝演狗，还买来了护膝，以便更好地排练。

终于到了演出的那一天。从头至尾，丽莎穿着一套毛茸茸的道具，手脚并用地在台上爬来爬去，还不时伸个懒腰，晃晃脑袋，动作惟妙惟肖，精湛的表演吸引了所有观众的眼球，虽然她从头至尾没有说过一句台词。

后来，丽莎向人们透露了她和爸爸那天晚上的谈话。爸爸说："如果你用演主角的态度去演一只狗，狗也会成为主角。"

西方人说，"人类一思考，上帝就发笑"。在生活的舞台上，诚然只有极个别能够预知未来的好导演，大多数人都无法将自己平凡的生活演绎得更加精彩。

人生好比一场戏，社会就是大舞台。既然无法超脱出社会。我们每个人势必要在社会大舞台上扮演一个角色。虽然角色有好有坏，有主有次，甚至微不足道，某些人还不得不从事幕后工作。但是在生活的总导演面前，抱怨也好，痛恨也罢，它丝毫都不会理睬。唯有扮演好自己的角色，它才会肯定你，让你把自己演绎得更加精彩。

无论是演戏，还是别的，既然选择权不在我们手里，那么永远不要抱怨它们不够好，因为怨天尤人只会让你徒增烦恼，不解决任何实质问题。我们能够做的、应该做的，是学会适应并改变它。只要不抱怨，任何角色都可以让你更精彩；只要肯努力，再差的牌也有可能会赢！

许多时候，我们并非意识不到这一点，但就是不愿意直面，并且积极做出改变，有时候，随着心理的惯性，也不知道如何改变。不过，改变不如意的现状，也是人类的本性，抱怨带来的消极作用，人们意识到了之后，还是会有改变的欲望自然升起。当改变之光随着情绪上的抵触被带进了生活，就由"有意识的无能"踏入了"有意识的有能"。

放下抱怨，这并不等于在困境面前不作为，或者放弃对社会不公正的言说权。带有负面情绪的抱怨，恰恰才是不具建设性的消极。而源于生命的热爱，并由此生发的感恩、宽容和同理心，也不容任何机构以任何名义窃取盗用。

因此，不要轻易抱怨。如果你经常抱怨，就请改变自己吧！用行动、用实干来表明自己的态度和价值。

有一次晚饭后，迈克和家人一起玩纸牌游戏。他的手气很糟糕，一连几把牌打得都很差。当他再次抓到一把差牌时，他变得很不高兴，开始抱怨上天。

这时他的母亲停了下来，正色对他说道："如果你想玩就必须用你手中的牌玩下去，不管那些牌是好是坏！"

迈克一愣，母亲又说："人生也是如此，发牌的是上天，不管牌怎样你都必须拿着。你能做的就是尽全力打好手里的牌，求得最好的结果！"

很多年过去了，迈克却一直牢记母亲的话。对生活，他从未存有任何抱怨，因为他总是能以积极乐观的态度去迎接命运的挑战，尽力做好每一件事，最终成就了一番事业。

俗话说："对工作有利的，就是对自己有利的。"任何人在开始工作时如果能记住这句话，前途一定不可限量。与其抱怨，不如改变。与其抱怨工作的种种不如意，不如改变自己对待工作的方式和态度，用自己的行动点燃心中的蜡烛，照亮通往成功的旅途。

几乎没有什么不能是我们的抱怨对象。我们喜欢躲在喋喋不休的抱怨后面，从中获得一种自我膨胀的优越感。我们难以且不情愿意识到，所厌恶的种种问题，譬如身边人无休止地抱怨，同样存在于自己身上。

我们开始留意自己的言语措辞，以沉默代替抱怨。这实在不是一个能轻易胜任的挑战，尽管抱怨污染着自己的生活环境，但习惯性的东西总是会带来安全感，即使是替代式的。

所有的描述至多只是路标，真正的开始总是握在你自己手中——如果践行，如果坚持，已经足够造成改变，穿透我们杂乱无章、充满问题而又缺乏审视的生活。

"不抱怨"只是一把钥匙而已。在我们忙忙碌碌的生活中，借助这把钥匙，我们会自然延伸和深入到生活的诸多层面，唤醒我们渴望已久的改变。

其实，每一份工作都无法尽善尽美，令人称心如意。世界上没有十全十美的工作。因此，不要总是一有不适就埋怨连天，应该学会利用周围的一切条件和资源来提升自己。

② 每天多做一点点

有一个男孩，他是一个孤儿，每天都在大街上讨饭。

有一天他跑到摩天大楼的工地向一位建筑承包商请教："我该怎么做，长大后会跟你一样有自己的事业，有自己的财富？"

这位建筑承包商回答说："我先给你讲一个三个挖沟人的故事。一个拄着铲子说，他将来一定要做老板；第二个抱怨工作时间长，报酬低；第三个只是低头挖沟。过了许多年，第一个仍在拄着铲子；第二个虚报工伤，找到借口退休；第三个呢？他成了那家公司的老板。你明白这个故事的寓意吗？小伙子，不要多说话。埋头苦干就好。"

承包商看到小男孩满脸的困惑，于是他指着那批建筑工人对男孩说："看到他们了吗?这些人都是我的工人。我无法记得他们每一个人的名字,但是你仔细瞧他们之中,那边那个晒得红红、穿一件红色衣服的人。我很快就注意到,他似乎比别人更卖力,做得更起劲。他每天总是比其他的人早一点上工,工作时也比较拼命。而下工的时候,他总是最后一个下班。就因为他那件红衬衫,使他在这群工人中间特别突出。我现在就要过去找他,派他当我的监工。从今天开始,我相信他会更卖命,说不定很快就会成为我的副手。只要多干一点,总会成为突出的那一个,人们总是会发现你的,这样你就更加接近成功了。"

小男孩明白了这个道理,他放弃了要饭的生涯,开始捡破烂。由于他总是起得比别人早,跑得比别人勤,所以每天收入都很可观。后来用攒的钱买书,再后来有好心人注意到了他,供他上学。由于他的努力,他终于走向了成功。

成功其实很简单,很多成功人士并没有想象中那般大费周折,他们或许就是那些下班后还留在办公室工作一会儿的人,就是看见与自己无关的某个人有了困难而愿意花些时间来帮忙的人,就是做了一些他分外的事的人。

成功的道路是没办法用尺子来测量的,每天多做一点点,积少成多,十年之后你就比别人多做了许多。每天多做一点点,就使你获得了一个赢得老板关注的机会,也让你多学到了很多东西。

如果一个人想要拥有美好富足的生活,就要用勤奋的工作来换取。勤劳的工作态度是获得巨大财富的关键。一个人一旦有了一种不畏劳苦、敢于拼搏、锲而不舍、坚持到底的高贵品质,就一定会成为一个富有的人。一个人要成功,却害怕或不敢或不愿意付出相应的劳动,那就不要渴望财富的垂青。

生活是公平的,对于那些懒惰的人来说,富豪榜上不会找到他们的名字的。一个小人物,无论从事什么工作,唯有勤劳才能有所成就。较高的工资是每个人都非常渴望的,它不仅意味着一个人价值的体现,更是一个人成为富豪的起点。可金钱的积累,必须依靠自己的勤奋努力来实现。

汤姆是一名速记员,一天晚上下班之后,一位先生走进来问他说:"哪里能够找到一位速记员来帮忙，我手头有些工作必须当天完成。"

汤姆告诉这位先生说："除了我之外所有的速记员都去看球赛了，如果您再晚来一会，我也走了。"

不过汤姆表示自己愿意留下来帮助他。于是，汤姆和这位先生一直工作到了深夜。

做完工作之后，这位先生感激地问汤姆："我需要支付你多少钱呢？"

汤姆回答道："是我自愿留下来帮您的，不需要任何费用。我的球赛改天也可以看，可是您的工作必须今天完成。"

3个月后的一天，汤姆早已经忘记了这件事，那位先生却突然来找他，并邀请汤姆去他的公司工作，薪水是现在的两倍。

原来，那位先生是一家公司的总经理，当时公司正在谈一个很大的项目，由于汤姆的帮助，项目最终成功了。

那位先生后来经常教育自己的员工，每天多做一点，机遇很可能会找到你。而后来，汤姆也因为持之以恒的敬业精神成为老板的左膀右臂。

很多人喜欢在下班的第一时间冲出办公室，很怕工作占据了他的一点私人空间，可是，省下来的时间他们都做了什么呢？或许在与朋友谈天说地，或许在玩游戏，或许在上网打发无聊的时光，又或许干脆浪费在了堵车上。

反过来，如果我们多花费哪怕一点点时间在工作上，工作则有可能给予我们更大的回报，仔细地算一算这笔账，对我们的人生大有好处。

只需要每天多花5分钟的时间用来多做一点事，你就有足够的机会成为一个最出色的人。看一下在生活中，我们的5分钟通常都做了些什么吧。起床前的5分钟，我们往往在挣扎要不要起床，而且这时间基本都超过了5分钟；我们去饭店吃饭，等位的时间通常也超过5分钟；晚上，我们坐在电视机前看肥皂剧的时间更是达到了5分钟的几倍甚至几十倍。如果我们能把这些5分钟利用好，去关注一件事情，我们一定会取得成功。

下班后的5分钟，我们如果依然保持工作状态，坚持每天多做一点点工作，就会使我们的工作效率大大提高。然而，并不是每个人都能够真正地做到对工作这样全情投入。最近的一项有关敬业度的调查表明，从全球范围来看，最多只有 1/3 的员工全情投入工作，而这 1/3 的人很可能就是最后取得成功的人。

无论在什么时候，成功只能在行动中产生。在我们自己通向成功的方向上，我们还必须建立自己的目标。然后，把自己量化的目标通过时间划分，一点一点、一步一步有耐心地去实现它。这样，相信我们的人生，肯定会在一条通往成功的路径上前行。

而把理想付诸行动，这是成功者的共同经验，也是开发生命的必然要求，你越多地开发生命的宝藏，你就会越明显地感到行动的重要性，开发生命必须落实到实践行动中，瞄准你的生命目标，从现在起就开始行动吧。多干一点总是好的，因为这样才会引起人们的注意；多干一点，总会离成功更近一点。

③ "吃苦"可以改变"苦难"

香港首富李嘉诚年幼丧父，家庭的重担由他一肩扛起。14 岁的他迫于生计不得不选择辍学，走上谋生之途。

他好不容易在一家茶楼找到了一份工作。每天清晨 5 点左右他就必须提起精神从温暖的被窝中爬起，然后赶到茶楼工作。他每天的工作时间长达 15 个小时以上。

舅父非常疼爱李嘉诚，为了让他能够准时上班，买了一只小闹钟送他。他把闹钟调快了 10 分钟，以便能最早一个赶到茶楼工作。茶楼的老板对他的吃苦肯干深为赞赏，所以李嘉诚就成为茶楼中加薪最快的一位员工。

曾有人问李嘉诚的成功秘诀，李嘉诚说："在一次演讲会上，有人问 69 岁的日本'推销之神'原一平其推销的秘诀是什么，他当场脱掉鞋袜，将提问者请上讲台，请你摸摸我的脚板。提问者摸了摸，十分惊讶于原一平脚底厚厚的老趼。原一平最后告诉大家因为他走的路比别人多，跑得比别人勤。"

李嘉诚讲完故事后，微笑着说："我没有资格让你来摸我的脚板，但可以告诉你，我脚底的老趼也很厚。"

古人云："宝剑锋从磨砺出，梅花香自苦寒来。"一个人要想有所作为，就必须忍受逆境的磨炼。在为事业奋斗的过程中，难免遇到各种各样的艰难困苦，有的人选择了退缩，而有的人选择了忍耐。

生活就像是一杯没有加糖的苦咖啡，香醇中掺杂苦涩。其实，人活着就要接受许多挑战，要面对许多难题，所以生活的本质就是苦。从另一个角度来看，苦还是一种警讯，它告诉我们有了难题，有了危险和困境。

如果不愿意正视它，不设法解决眼前的难题，那些难题就会累积重叠，构成更严重的困境，集合成更巨大的痛苦，导致溃败。所以，每个人都必须设法消除困境，解决问题，才能够消灭痛苦。

吃苦耐劳是获取成功的秘诀，也是每一位渴望走向成功的人应该具备的基本素质。有道是"苦尽甘来"，当一个人通过勤劳苦干，让自己的能力提高到了一定的程度时，自然有各种发展机会降临。

事实上，没有人喜欢苦难，但是很多成功者却是从苦难中磨炼出来的。一个人要想成就事业，必须具备很多优秀的素质，拥有一些"资本"，吃苦耐劳是成功者必备的"资本"之一。吃苦耐劳是获取成功的秘诀，也是每一位渴望走向成功的人应该具备的基本素质。有道是"苦尽甘来"。一个人只有通过勤劳苦干，将自己的能力提高到了一定程度之后，各种发展机会才会降临到你的身边，你只需要伸手去抓住它们。

可以这样说，苦难是一个人成就事业的基本条件。苦难能够丰富人的社会生活经验，磨炼人的意志，使人变得成熟。

正所谓："吃得苦中苦，方为人上人。"这句流传千百年的至理名言，告诉我们一个这样的道理：吃苦耐劳也是成功的秘诀。那些能吃苦耐劳的人，很少有不成功的。这是因为苦吃惯了，便不再把吃苦当成苦，能泰然处之，遇到挫折也能积极进取；怕吃苦，不但难以养成积极进取的精神，反而会对困难和挫折采取逃避的态度，这样的人当然也就很难成功了。

一个真正勇敢的人，越被环境所迫，反而越加奋勇，不战栗不退缩，昂首挺胸，意志坚强。他敢于面对任何困难，轻视任何厄运，嘲笑任何障碍，因为贫穷困苦不足以伤他毫发，反而增强了他的意志、品格、力量与决心，这使他成为所有人中最卓越的人。对于这样的人，命运决计无法拦挡他们的前程。

贫穷与苦难都是一种激励，能坚定人们的思想，发挥人们的潜力。钻石越坚硬，它的光彩也越炫目，而要将其光彩显示出来所需的琢磨也越有力。只有琢磨，才能显露出钻石的终极美丽。

在克里米亚的一次战争中，有一枚炮弹在击中一个城堡后，毁掉了一座美丽的花园。

可在那个炮弹落下的深坑里，竟然不断地流出泉水来，最后这里竟然成了一个长久不息的著名喷泉。

同样，不幸与苦难，也会将我们的心灵炸破，而在那炸开的缝隙里，也会时刻流出奋斗前进的泉水来。

人生中任何一种成功都不是唾手而得的，不能吃苦，不肯吃苦，是不可能获得任何成功的。其实，人们忍受苦难的能力是非常大的，不论有多么大的困苦，都可以千方百计去克服。

每个人都在极力追求成功，追求幸福，同时，有些人又在极力躲避痛苦，但是，成功少不了痛苦，它是无论如何也躲避不了的事。人们能够做到的，只是如何缩短痛苦，减少、避免那些由于自身的原因所造成的痛苦。如果我们遇到了痛苦，不要急着去躲避，而应力求化解痛苦，争取成功。

其实，吃苦并不是一种折磨而是一种快乐。我们应该学会苦中求乐，先苦后甜。我们要明白一个道理：吃苦不代表吃亏，吃亏不代表吃苦。因此，不论做什么事，经营什么事业或在什么工作岗位上，都要懂得学会吃苦。唯有面对问题，解决问题，遇到错误立刻改正，才是成功之道。

我们不刻意请求苦难的来临，但是既然来了，我们就要勇敢地去面对。因为在人生的航行中，要么你将困难克服，要么你被困难一点点地打垮。

苦，可以折磨人，也可以锻炼人；蜜，可以养人，也可害人。森林里的松树，经历千百次暴风雨的摧残，不但不会折断，反而愈见挺拔。

世界上有许多人因为没有经过苦难的磨炼，激发不出他们体内潜藏着的力量，所以他们的才能就得不到淋漓尽致地发挥。只有努力奋进才能帮助人们达到成功的境地，只有尽力奋斗的人才能获得自己心中希望的东西。

苦难与障碍并不是我们的仇人，而是我们的恩人。因为我们人人都有一种逆反的心理，这种逆反的心理在人体里发展了相反的力量。正是苦难与障碍的出现，使得我们体内克服障碍、抵制苦难的力量得到发展。

④ 没有人能随随便便成功

全美第二大比萨饼连锁集团创始人汤姆·莫纳汉，曾经对朋友讲了自己一段真实的经历：1960 年，当生意变得越来越糟糕时，他和哥哥的合作崩溃了。同年，汤姆和新合伙人开了几家饼店，但所有的店在汤姆名下，新合伙人隐名。不幸的是，合伙破产了，汤姆为对方背了一身的债务。在失败的打击下，汤姆并没有倒下，他决定从头开始。

次年，偿清了债务，还赚了 5 万美元。好景不长，一场大火又烧毁了他的店。汤姆几近破产，但汤姆还是没有放弃。他尽量削减开支，想尽一切办法来弥补火灾造成的损失。

就这样，汤姆又一次开店卖饼了。1967 年 4 月，第一家达美乐授权专营店开业了。然而，汤姆的店扩张太快，管理太混乱，资金投放错误，在随后的日子里，汤姆出现了资金短缺，整个达美乐陷入了财政危机。

在接下来的几年里，汤姆吸取教训，缓慢恢复生意，一笔笔偿还债务。他努力经营着达美乐，并使之生存了下来。

但汤姆不仅使达美乐生存下来，还可以在半小时内将一个滚烫的比萨饼送至顾客家中，这使达美乐餐馆享有无可比拟的声誉。

苦心人天不负，公司终于获得了丰厚利润，他本人因此而成为美国最富有的企业家之一。

汤姆认为："我感觉，所有的挫折都是从中吸取教训的工具。我把它们当成垫脚石，而不是失败。所谓失败就是你停止了尝试，我从来没有停止过。"

经历苦难是一种痛苦，因为苦难常常会使人走投无路，寸步难行，苦难常常会使人失去生活的乐趣甚至生存的希望。有过苦难体验的人，都不会忘记在生活泥潭里奋力挣扎的情景。

但当你战胜苦难之后，这由苦难带来的痛苦也往往是你通往成功之路上的铺路石。想一想，如果没有太上老君的八卦炉，孙悟空能炼成火眼金睛？唐僧四人之所以取得真经，不也是踏着一个苦难接着一个苦难，才一步步走到西天的吗？

不论出身于贫者还是富者，在成功的道路上有一点是共同的：艰难困苦，玉汝于成。

谁想让自己经历艰难？谁想过苦难的日子？但是观察那些成功人士，谁没有过过苦难的日子？谁没有经历过千难万险？一位拥有亿万资产的企业家说："艰难对于我来说，就像用石头铺成的小路，我是沿着它一步步走过来的，没有它，我走不到今天。"

没有人天生愿意接受苦难，但当苦难来临时，你必须要接受。你要知道，如果你能走过苦难，苦难就是上天对你的一种恩赐。谁都不能否认一个事实，很多年轻人正在经历着种种苦难，遭受着种种挫折和打击，这的确是人生的不幸。可是，人们也惊奇地发现，无数杰出的人物都是从苦难中走出来的，正是苦难成就了他们，苦难对于他们来说，是上天的一种恩赐。

有一个人，在高山之巅的鹰巢里，抓到了一只幼鹰，他把幼鹰带回家，养在鸡笼里。

这只幼鹰和鸡一起啄食、嬉闹和休息。它以为自己是一只鸡。这只鹰渐渐长大，羽翼丰满了，主人想把它训练成猎鹰，可是由于终日和鸡混在一起，它已经变得和鸡完全一样，根本没有飞的愿望了。

主人试了各种办法，都毫无效果，最后把它带到山顶上，一把将它扔了出去。这只鹰像块石头似的，直掉下去，慌乱之中它拼命地扑棱翅膀，就这样，它终于飞了起来！

人说"什么样的人，会走出什么样的天空"，我的天空会是什么样的呢？梦想不是靠想象就会实现的，人生不是靠命运来摆布的。

相信一句话，只要全心全意做一件事，就一定会成功的。拼搏的道路是充满荆棘的，是曲折的，沿途会受伤，但受伤不代表从此就会失去一切，锻炼自己的意志，学会坚持；锻炼自己的心灵，学会坚强。

不要被困难所吓倒，不为失败而放弃，相信自己是星空中最亮的一颗星。俗话说：不经一番寒彻骨，哪得梅花扑鼻香。练就自己拼搏的心，挑战自己的意志力。学会付出，留一滴血，收获一生荣耀。

起跑线的枪声响起，也许现在被落在后面，但不代表一直被甩掉，给自己信心，努力向前冲，不管对手有多强，告诉自己：努力不一定成功，但放弃就一定会失败。

人人都可能会碰到挫折，有的人被挫折绊倒之后，就再也爬不起来。不要因为害怕艰难，就不去尝试，要勇于去尝试，即便失败了，也不要遗憾和气馁，因为今天的经历是你明天走向成功的"垫脚石"！

没有艰难的人生是肤浅的，如果只保持现状过一成不变的生活，又怎能获得丰富的人生阅历呢？没有艰难的人生是停止不前的，因为没有艰难也就不需要去努力去探索，怎么会有创新和进步？无法承受生命的艰难，就不可能获得成功。

在心中刻下"坚持"，别人不理解时，我坚持；别人误会我时，我坚持；别人放弃时，我更要坚持，我坚持，坚持，坚持，始终都抱着坚持的信念。不为沿途美丽的诱惑而吸引，相信前方一定有属于自己的世界。

⑤ 不行动永远不会有结果

有个落魄的人隔三差五就去教堂祷告，他的祷告词基本上没有变过，总是那一句："上帝，请看在我多年来虔诚的分儿上，让我中一次彩票吧！"

一天，他又出现在教堂里，样子闷闷不乐。他跪在地上祈祷："上帝啊！为什么不让我中彩票呢？求求您让我中一次吧，我会更加谦卑地服侍您！"

几天之后，他再次来到教堂，重复着那一句祈祷词。就这样，他周而复始、不间断地祈求着上帝让他中彩票。

终于有一天，他跪在地上哭着说："亲爱的上帝，为什么不可怜可怜我，答应我的祈求呢？让我中一次彩票吧！只要一次，让我解决眼前的困难，我愿意为您终身奉献……"

这时候，上帝的声音从空中传来："我一直都在垂听你的祷告，可是你总该买一张彩票，我才能让你如愿啊！"

很多人想变成富人，他不是不知道该怎么做，而是不敢真的那么做。总是有太多顾虑，面对未来的许多不确定因素，他不去想一万，总去想万一，越想越可怕，结果无数的可能性就在这种犹豫和等待中化为乌有，他不是死在了门槛上，而是死在了心坎上。

这个故事实在令人发笑，但也值得深思。落魄的人是现实中许多人的缩影，他们也渴望着上天掉馅饼，终日沉浸在梦想中，期待着有一天梦想能成真。但事实上，他们永远都不可能实现梦想，因为没有行动就是在做白日梦。

每个人都有自己的人生目标，但并不是任何一个人都会为了这个目标付诸行动。有些人总是沉浸在空想之中，偶尔耍耍嘴皮子，说出自己的胸襟大志，却没有任何身体力行的实践。他们总是抱怨时机不成熟，缺乏必要的条件，冥思苦想谋划着如何有所成就，殊不知，没有行动就是在做白日梦。

行动有行动的结果，不行动也是一种行动，每一个人的命运都存在于他自己的决定之中。行动了，你就有成功的希望，不行动，你永远只能维持现状，甚至会越过越糟。

所以，成功者从来都不希望坐在那里等待，而是积极地投入行动之中，为了理想而努力，为了事业而拼搏。尽管道路中会经历风雨，可是等他们品尝到了成功的甘甜的时候，他们就会感谢曾经的行动，因为正是行动成就了他们的明天。

等待永远是美好的最大敌人，拖拉者的一个悲剧是，一方面梦想仙境中的玫瑰园出现，另一方面又忽略窗外盛开的玫瑰。昨天已成为历史，明天仅是幻想，现实的玫瑰就是"今天"。拖拉所浪费的正是这宝贵的"今天"。

不管是改变生活，还是获得事业的成功，都离不开行动。如果你有智慧，那就拿出智慧；如果缺少智慧，那就流汗。总之，无论是运用大脑，还是运用体力，必须要让自己"动起来"。否则的话，成功对你来说，永远都只是"海市蜃楼"。

小齐一直都梦想着去欧洲旅行，于是他为自己设计了一个非常完美的旅行计划。

他先是花了几个月的时间去图书馆查找相关资料，接着又去研究地图。订了飞机票之后，还制定了详细的日程表。他标出自己要去参观的国家及地点，甚至于每个小时去哪儿都安排得非常清楚。

一位朋友听说他此次旅行的安排，便到他家里做客，问道："法国怎么样？"

小齐回答说："我想，那里应该还不错，可是我没去过。"

"啊！你准备了那么久，怎么放弃了？出什么事了？"朋友惊讶地问。

"我喜欢制订旅行计划，可我讨厌坐飞机，受不了。所以，我一直待在家里。"

"要想知道梨子的滋味，就要亲口去尝一尝。"这其实是再简单不过的道理，不行动永远不会有结果。弱者之所以弱，很多时候不是因为没有梦想，而是没有去把梦想变成现实。

在人生或事业中，要想走在别人的前面，就不要等待"境况会发生好转"或"事物会自我纠正"而让自己生活在模糊的未来之中。

弱者一生都在等待所谓的机会，等条件成熟，头发等白了，心也等老了，最后即使条件成熟了，你也没那个斗志和想法了。机会不是等出来的，是干出来的，不干永远没有机会。

所以，如果想要达到你的目标，想得到你想要的东西，那么，就要行动起来。比如，想要做什么事情，说干就干。先干起来再说，边干边寻找机会，边干边创造条件，边干边修正，边干边完善，我们没有什么好怕的！只要大方向是对的，也许最初看起来没有希望的事，干到最后就有了好的结果。

"今日复明日，明日何其多。我生待明日，万事成蹉跎。"要想不荒废岁月，干出一番事业，就要克服拖拉，珍视今天。

想做成一件事，光有想法和计划是不够的，必须有一颗一定要做成事的心，还要配合确切的行动，坚持到底。只有这样，才能够成功。缺乏决心和实际行动的梦想，会在时间的作用下慢慢萎缩，甚至衍生种种消极的思想，最终掩盖理想，过着随遇而安的平庸生活。

这也是为何生活中成功者占少数的原因。梦想是成功的起跑线，决心是起跑时的枪声，行动是跑步者全力以赴的奔驰，只有坚持到最后一秒的人，才可以摘得成功的桂冠。

空想，动嘴发牢骚，抱怨没有好的机会，这些谁都能够做到。可是，想得再好，说得再好，不去行动，又有什么意义呢？人生的道路上，永远都有机遇在前方等着我们，但它们总是藏躲在一些角落里，我们必须耐心、积极地去寻找，而不是守株待兔。

6 莫为失败找理由

小孙在职场已经打拼了许多年，但依然是毫无收获。为此，他感到命运不公，于是每天总是要发一番牢骚。

一天，他鼓起勇气敲开了一位富翁的门，希望自己能够从那位白手起家的富翁那里得到一些关于成功的秘诀。

富翁看到他的来到，还没有等小孙问便说道："你一定是想知道我是如何白手起家的？"

小孙顿时十分惊讶地问道："您怎么知道我要问这个问题的？"

"因为在你之前，已经有很多自以为一无所有的年轻人来找过我。他们来的时候穷困潦倒，而且满腹牢骚。可他们走的时候，却都成了富翁。你也拥有如此丰厚的财富，所以你不该抱怨。"

小孙问道："我的财富在哪里呢？"

富翁说："是你的一双眼睛。我愿意用 100 万元买你的一只眼睛。"

"不，这不行，我不能够没有眼睛。"小孙惊慌地拒绝了。

"好吧，把你的一双手给我，我可以出 200 万元买你的手。"

"不，我也不能没有双手！"

"眼睛，可以用来学习；手，可以用来劳动。现在你知道了吧，你拥有丰厚的财富，这就是成功的秘诀。"

小孙听后顿时恍然大悟，满载而归地离开了。

故事中的年轻人是现实中不少人的缩影，他们抱怨命运，抱怨自己拥有得太少，没有良好的客观条件，也没有人帮，所以才导致他们一无所成。实际上，机会就在他们身边，只不过他们忽略了这些，只顾得给自己的失败找借口、怨天尤人了。于是，在他们抱怨的时候，一些甘于付出的人便抓住了机会。

德国人习惯在钥匙上刻这样的句子："不用，就生锈。"这句话适用于铁，也适用于人。

人生在世，不可能凡事都一帆风顺，即便没有大的失败，也会有小的挫折。面对失败的态度决定了他未来的路，有些人不在意，将失败视为兵家常事；有的人则始终为失败找借口，告诉自己和别人：他的失败不是自己的错，而是因为别人扯了自己的后退，没有人帮忙，运气差，等等。

总之，他们会找出一连串的理由来证明：失败不是我的错！可事实上，想要避免失败，或者说想要不重蹈覆辙，就该从自身寻找原因，因为成功需要自己把握。

有一对穷困潦倒的兄弟，平日里依靠捡垃圾为生。

一天，兄弟两人依然像从前那样沿着一条熟悉的街道去捡废品。不过，这条偌大的道路，并没有什么大件的物品，有的也只是一些零散的小铁钉。

弟弟看到小铁钉，不屑一顾，说："几个小铁钉能值多少钱啊？"

他一脸的丧气，不愿意捡拾。哥哥却不嫌弃，他弯下腰一个个地拾了起来。走到了街尾，他差不多捡到了满满一口袋的铁钉。

两个人继续往前走，兄弟两人几乎同时发现了一家新开的收购店，店门口挂着一个大牌子，上面写道：高价回收一寸长的旧铁钉。

哥哥拿着一口袋的铁钉换回了一大把的钞票，弟弟看在眼里却也无可奈何。店主问道："在来的路上，难道你一个铁钉都没看到吗？"

弟弟沮丧地说："我看到了。可是那小铁钉很不起眼，我没想到一路上会有那么多，更没想到它们也能够换来这么多钱。等到我想要去捡的时候，铁钉都被哥哥捡光了。"

看到这里，你也一定明白了。很多失败并不是由客观因素造成的，而是因为自己的主观原因导致的。当我们在生活和工作中陷入困境的时候，不要找借口，更不要抱怨，一

定要努力地做好自己力所能及的事，一路走一路收获，最终排除万难，取得成功。

成功者不善于也不需要编织任何借口，因为他们能为自己的行为和目标负责，也能享受自己努力的成果。缺少机会，则往往是不愿意付出努力的人用来原谅自己的借口。

很多人在经历两次失败，或是遭遇批评和质疑的时候，总是会找各种借口告诉别人，他们害怕承担错误，担心被人嘲笑，或是想得到暂时的解脱。

比如，一项工作任务搞砸了，他们不会承认是自己的错，而是说领导决策出了问题；得罪了客户，或是一笔订单没有拿到，他们不会说自己努力不够，或是沟通不畅，而是说客户太苛刻；争取了半天没有升职，他们不会觉得自己还有所欠缺，而是说领导偏心或是同事走了"后门"……

可以说，借口是一个掩饰弱点、推卸责任的工具，很多人总是将精力置于抱怨和寻找借口上，试图用它们来得到他人的原谅。殊不知，借口是一剂鸦片，让你一次又一次地去品尝它，逐渐侵蚀你的心智，让你遇到困难就退缩，遇到了挫败就抱怨，最终一事无成。

永远不要为自己的错误辩护，因为再美妙的借口也于事无补！与其这样，不如把所有的时间和精力用到工作中，仔细地琢磨下一步该如何去做？面对失败，如果想清楚接下来要怎么做了，那么也就不必再给失败找借口了。

记住一句话：成功的人永远在寻找方法，失败的人永远在寻找借口，当你不再为自己的失败寻找借口的时候，你就离成功不远了！

7 没有不用心就能做成的事

一个女孩推开了农场主的房门。

农场主很生气并恶狠狠地问她："什么事?"

那女孩子声清气朗地回答："我妈让我向您要一块钱。"

"不行,你走吧。"

"是。"女孩答应着,可是一点也没有离开的意思。

农场主更加生气地说道："我叫你回去,你听不懂啊?再不走,我让你好看。"

女孩依然应了一声"是",但却仍然一动不动地站在那里。

这下可真把农场主惹火了,他抓起皮鞭朝女孩走去。

然而,那个女孩毫无惧色,不等农场主走近,反而先迎着他踏前一步,斩钉截铁地说道："我妈说无论如何都要拿到一块钱。"

农场主一下愣住了,细细地端详着女孩的脸,缓缓地放下皮鞭,从口袋里掏出一块钱给了女孩。

面对困难你能激励斗志,把不利条件转化为有利条件吗?当你认识到你所向往的目标并认识到目标经过你的努力是可以实现的时候,你能有切实清醒的思考并积极行动起来吗?是你的斗志,是困难和不幸激发了你的斗志,使你不但没有被打败,反而获得了更大的动力,从而取得新的成功。

每个人都应该用心做事,用心了,才能把事情做好。你不用心,便做不成它。

用心做事首先要善谋事。多谋才能善断,善谋才能事顺,"凡事预则立,不预则废"。善谋事,就是根据自己所处的环境和具体情况,审时度势,因势利导,策划好总体的思路和出路；善谋事，就是掌握好时机，充分利用各种有利的条件和手段，突出重点，突破难点，找到实现自己愿望和目标的路径和举措；善谋事，就是不断创新，不断开拓，控制好节奏，平衡好进程，找到攻克难点、解决问题、求得好的效果的办法和窍门。

用心做事要保证不出事。"勿以善小而不为，勿以恶小而为之"。用心做事，不论自己手头上掌握的资源多与少，都要坚持自重、自警、自省、自励，以健康的心态、基本的人格，处理好个人的得失，平平安安、踏踏实实地做事业。特别是掌握了一定权力的人，要自觉接受监督，按规矩办事，确保不出事，如果一旦出事，事业就会前功尽弃，其损害是不可估量的。

事情有大有小，能力有强有弱，做事的结果也会有好有差，但只要用心，一心一意、踏踏实实做事，就一定能把正在做的事情做好，做出成效。成功与不成功，关键在于怎样做事，认真做好每一件小事情，才能认真做好每一件大事，事业才能真正成功。

1914 年 12 月，大发明家爱迪生的实验室在一场大火中被烧毁，损失达 200 万美元。那个晚上，爱迪生一生的心血在大火中付之一炬。

大火最凶的时候，爱迪生的儿子在浓烟和灰烬中发疯似地寻找他父亲。他终于找到了爱迪生：他正平静地看着火中的实验室，脸在火光摇曳中闪着光。

爱迪生看见儿子就大声嚷道："查理斯，你母亲去哪儿了？快去把她找来，她这辈子恐怕再也见不着这样的场面了。"

第二天早上，爱迪生看着一片废墟说道："灾难自有它的价值，瞧，这不，我们以前所有的错误都给大火烧了个一干二净，感谢上帝，这下我们又可以从头再来了。"

火灾刚过去三星期，67 岁的爱迪生就开始着手推出他的第一部留声机。

想想，要是生命中每一项我们所求的事物，都只要花极少的努力就可以得到预期的结果，我们将什么也学不到，而生命也将索然无味。

用心做事必须勤办事。不积跬步，无以至千里；不积细流，无以成江河。没有真抓实干再壮观的蓝图都会在纸上枯萎。勤办事就是忠于职守、兢兢业业、扎扎实实做好自己该做的事情。工作中充满激情，一鼓作气，勇于面对矛盾，不怕困难，不找客观原因，善于发现问题，勤于解决问题，努力争取最后的胜利。

勤办事贵在持之以恒，难在持之以恒，切不可一曝十寒，朝三暮四，半途而废。勤办事不可急功近利，要有系统考虑，多做打基础、管长远的实事。

用心做事一定要做成事。用心做事一定要讲实效，没有效果的事干得再多也没意义，现在人们最讨厌那些夸夸其谈、无所事事、无所作为的人。做成事不能当老好人，要敢于坚持自己正确的主张，果断决策，关键时刻，不能犹豫不决、举棋不定。

用心做事必须善于共事。要乐于并善于合作共事，不管做什么事单靠个人单打独斗，其力量是十分有限的。共事好的本质要求就是处理好人与人之间关系。中国古代儒家推崇"忠恕之道"，"忠"者，尽力为人谋，中人之心，故为忠；"恕"者，推己及人，如人之心，故为恕。在共事过程中要学会换位思考，善于站在对方的角度思考问题。随着社会的进步和发展，不管办什么事，常常会遇到某种"交叉"或称"边界"现象，一件事好像该你干，又好像该我干，结果是需要大家协同一起完成。

办成事要善于因地制宜，量力而行，不生搬硬套，不唯唯诺诺，要突出特色、要抓住亮点。办成事必须从大处着眼、从小处着手，"细节决定成败"，在现实社会中，想做大事的人很多，但愿意把事情做深做细的人太少。做成事是我们一切工作的出发点和落脚点。

因此，用心尽力干点对社会有利、自己乐意干的事，并争取干出一点成效来，需要用心做事，而善谋事、好共事、勤办事、做成事和不出事是用心做事的基础。

8 付出多少，收获多少

举世闻名的波兰钢琴家帕德雷夫斯基同意在两名半工半读的斯坦福大学生组织的音乐会上演奏。他的经纪人告诉两名学生他们必须支付 2000 美元的酬劳。

两名大学生卖力地做宣传，但只收到 1600 美元。他们垂头丧气，将所做的努力如实告知钢琴家，把 1600 美元全数交给他，并留了张欠条，承诺会将余下的 400 美元偿还。可艺术大师将欠条撕了，并将 1600 美元还给两名学生。

"把你们的开销从中扣掉，"他说，"剩下的你们每人领取 10% 的报酬，余下的再给我。"

多年后，钢琴家面临一大难题——他需要养活饱受战争摧残的波兰人民。不可思议的是，波兰尚未提出请求，就有成千上万吨食物从美国运往波兰。

钢琴家后来去感谢当时负责美国救济工作的胡佛。

"那没什么，"胡佛说，"我知道你们迫切需要帮助。可能您已经不记得了，当年我需要帮助时，您曾慷慨解囊，我就是当年您帮助过的两名大学生中的其中一位。"

俗话说：一分耕耘，一分积累，零分收获；五分耕耘，五分积累，零分收获；九分耕耘，九分积累，还是零分收获。只有当你付出十分耕耘，得到十分积累之后，你才能拥有百倍的回报！

人生的道路，是一步一个脚印走出来的。事情不管是伟大还是渺小，唯有辛勤耕耘，才有成功的收获。

凡是应该做的事，就值得去做；值得做的事，就值得去做好。把每一件事都做得很好，那你就一定有相当的成就。有一句话说得很风趣："成功的殿堂是没有电梯可以直达的，你必须踏着楼梯，一步一步地攀登上去。"这犹如一个个踏实的脚步，可以使你登上巍巍的高峰。

如果你能为追求目标不断付出切实有效的努力，那么任何障碍与你的成功欲望相比都是渺小的。种子经过积蓄才能够发芽生长，如果你能够持之以恒地努力远离平庸，你终究会到达别人无法企及的高度！

因为我们每一个人，每天都会有所付出，并且经历收获成果的喜悦。因为只有我们付出了才会得到收获。而谁又不想得到收获呢？收获总是充满着喜悦的，就像只有在春天播撒下希望的种子，到了秋天才会收获到成熟的果实一样，只有先有所付出才会有可能得到收获。

从前有一个人，在沙漠里迷失了方向，饥渴难忍，面临死亡，可他始终有一个信念，那就是要坚持走下去，直到最后。

在经过艰难的跋涉后，终于找到了一间小石屋，在小屋前，他兴奋地发现了一个吸水器，他使劲地抽水，却滴水全无，在懊丧之中又发现了旁边还有一个水壶。

壶上盖着塞子，上面还写着几行字：你要先把这壶水灌到吸水器中，然后才能打水，但是，在你走之前一定要把水壶灌满。

虽然这是一个童话，但其道理是深刻明显的，教育我们无论想得到什么，都要付出劳动，只有双手才是真正的财富。要想获取幸福与财富，天平对待世间各式各样的人都是铁面无私的。只有你业精于勤，行成于思，才能支撑起成功的大伞。让我们充分利用"人身两件宝"，创造美好的明天。

成功的人永远比一般人付出得更多更彻底。所以，一个人，别总看别人有什么，看看人家付出了什么，看人家是怎么做人、做事，看人家是怎么"一如既往地、自觉自愿地付出"的。

所以说，如果没有付出就不会有收获呀！我们每天所做的每一件事情都是在付出，而且付出与收获总是伴随在一起的，付出和收获一样都是极其美好且珍贵的。就像当你帮助他人时，这可以说是一种付出，但是你同样也会收获到非常美妙的喜悦之情。

在人生的赛场上，如果你想得到什么，必须先有所付出。遗憾的是，许多人在生活的火炉前不知廉耻地说："火炉啊，给我一些热量吧，我会给你增加木柴的。"而你为什么不先加点儿木柴呢？

第11堂课

人生可以不成功，但不可以不平衡

——和谐平衡方能感知幸福

一个人幸福与否不是看他成不成功，关键是看他有没有平衡的心，只有拥有平衡的心才能让我们拥有和谐的人际关系，只有拥有和谐的人际关系和平衡的心，才能感知到幸福的所在。

① 一时的冲动可能会毁掉你的一生

古印度有一个叫爱地巴的人，当他每次和别人争执、生气的时候，他都会以很快的速度跑回家去，绕着自己的房子和土地跑三圈，然后坐在地上喘气。

几十年光阴弹指而过，逐渐年迈的爱地巴变成了附近最富有的人。即便如此，与人争论、生气的时候，他仍然还是老样子——绕着房子和土地跑三圈。

"爱地巴先生，您为什么在生气的时候总是要绕着房子和土地跑三圈呢？"人们非常困惑。但是无论怎么问，爱地巴从不开口。

直到有一天，爱地巴很老了，他的房子和土地也已经非常广大了。这天，他又生气了，于是他挂着拐杖艰难地绕着土地和房子转，整整用了一天的时间，他才走完三圈，然后坐在田边喘粗气。

一直跟着他转圈的孙子恳求说："爷爷！为了您的身体，您不能再像从前一样，一生气就绕着土地跑了。还有，您能不能告诉我您一生气就绕着土地跑三圈的原因？"

这一次爱地巴说出了隐藏多年的秘密，他说："年轻的时候，我一和人吵架、争论、生气，就绕着房子和土地跑三圈，一边跑一边想，自己的房子这么小，土地这么少，哪有闲心和人生气呢？一想到这里，气就消了，接着努力工作。"

孙子又问："爷爷，你现在是这里最富有的人，为什么还要绕着房子和土地跑呢？"

爱地巴说："我现在还是会生气，生气时绕着房子和土地跑，一边跑一边想，自己的房子这么大，土地这么多，何必跟人计较呢？一想到这里，气也就消了。"

虽然"人在江湖，身不由己"，生活中总是不免摩擦和矛盾，但是每个人在选择冲动的同时，照样也可以选择忍耐或以退为进。我们的忍耐是他人无法攻破的城堡，爱地巴靠它赢得了财富,也赶走了怒火和烦恼。

我们也应该做一个冷静的忍者,放下抱怨、怒火和冲动,即使不能用宽容赢得一个宽松的环境,但是至少可以把我们的精力用在真正需要的地方。而抱怨、生气、争执、愤怒和冲动,不但是无能的表现,而且会让事情越变越糟,甚至毁掉你的一生。

别为小事疯狂,对待委屈和难堪,转变心情,以健康积极的态度去化解这一切。如果能从中得到更大的益处,不也是另一种收获吗?这不是比到处记恨别人,处处结怨强吗?

当我们集中精力追求自己的梦想时,生活中的烦恼便会大大减少,便不会再为小事疯狂,因为我们在自己梦想的追求中得到了自我价值的实现,就不在乎身边这些丁点的麻烦事了。

有一个人夜里做了个梦,在梦里他看到一位头戴白帽、脚穿白鞋、腰佩黑剑的壮士,大声地斥责他,并向他的脸上吐口水,吓得他立即从梦中惊醒过来。

第二天,他闷闷不乐地对朋友说:"我自小到大从未受过别人的侮辱,但昨夜梦里却被人辱骂并吐了口水,我心有不甘,一定要找出这个人来,否则我将一死了之。"

于是,他每天一早起来,便站在人潮往来熙攘的十字路口,寻找梦中的敌人。几星期过去了,他仍然找不到这个人。结果,他竟自刎而死。

看到这个故事,你也许会嘲笑主人公的愚蠢,做梦乃是一件极其稀疏平常的小事,做噩梦也是常有的事,怎么能为此而大动干戈呢?可生活中就有许多人为小事而疯狂,为一点小事而和别人闹翻脸,甚至大打出手。

生活中有多少这样的例子,能勇敢地面对生活中的艰难险阻,却被小事搞得灰头土脸,垂头丧气。清官难断家务事,其实并非清官无能,而正是他们的高明之处。亲人之间,为一点点小事而反目成仇,实在是不应该,为什么还要努力去分清谁是谁非呢?就让他们糊涂到底吧,这样反而比分清谁是谁非更好。

我们之所以对小事缺乏足够的承受能力,说明我们没有把精力放在更为重要的事情上,因此,面对生活中的烦恼,我们首先要问自己:"这是我生活目标中至关重要的事情吗?为此花费时间与精力值得吗?"

有人说,冲动是魔鬼,此话不假。生活中有很多原本老实本分的普通人,只因不能克制冲动心理,结果因一时的冲动而酿成大错,结果因为一些鸡毛蒜皮的小事毁掉了自己的一生。

所以,遭遇类似情况时,我们要学会冷静,克制住冲动,其前提便是不抱怨、宽容和必要的处世技巧。很多时候,很多人都在抱怨周围的人太不讲理,缺乏道德,其实奢求交往对象都是品德高尚的人,本身就不切实际。与人相处,想要避免类似的麻烦,最重要的是我们自己是否善于自持,是否善于与周围的人相处。

② 向批评你的人说声谢谢

接受别人的批评,才能从中不断认识自我,才能看到别人的长处和自己的不足。当然,有时可能会遇到一些错误的批评,但作为被批评者,我们也应该用愉快的心情去接受。有则改之,无则加勉。毕竟他给了我们一次检讨自己和改正错误的机会。如此看来,我们不应该谢谢那些批评我们的人吗?

生活中常有这样的事发生:有的人一听到别人对他的劝告,就大发雷霆,他们不是去虚心听取,反而反唇相讥:"也不看看你自己是什么德行,也来教训人?"言外之意是对方也有缺点,不配来批评他。

须知"金无足赤,人无完人",如果只允许没有过失的人批评自己,你终生都不会听到对你过失的批评意见了,一辈子也不会得到他人的帮助。久而久之,陷入孤立无援的境地,害了自己又损害了事业。

"人生不如意十有八九"、"人无完人"就是这个意思,因此在人的生存中探索事物发展的规律，有人批评指正，应该是一件很幸福的事情。

所以，当别人批评时，应该感谢批评，才有益于自己改正过失，哪还有心思去计较是有过还是无过呢？只有长期保持高度的乐观和自信，才能使你获得成功。

美国一家著名公司的总裁布拉肯先生在回忆受批评的经历时说：我早年对别人的批评非常敏感。我当时急于让公司的每个人都觉得我是十分完美的。如果他们有一个人不这样认为的话，我就感到忧虑，于是我想办法去取悦他。可是我讨好他的结果，又会使另一个人生气；而等我想满足这个人的时候，又会使另一个人生气。

最后我发现，我越想去讨好别人，就越会使我的敌人增加。因此，我对自己说："只要你超群出众，你就一定会受到批评，所以还是趁早习惯的好。"

这一点对我的帮助很大。从那以后，我就决定只是尽我最大的努力去做，而把我那把破伞收起来，让批评我的雨水从我身上流下去，而不是滴在我的脖子里。

当你成为不公正批评的受害者的时候，还有一个绝招就是"只是笑一笑"。因为别人骂你的时候，你可以回骂他，可是对那些"只笑一笑"的人，你能说什么呢？假如结果证明我是对的，那么即使花 10 倍的力气来说我是错的，又有什么用呢？记住：不要为批评而难过。

批评的意思一是批判、判断、评价，是指出优点和缺点，评议好坏；二是专指对缺点和错误提出意见，单从字义上讲，面对批评，应该高兴才对，但为什么有人一遇批评就有抵触情绪呢？大概不外乎如下两点：

一是感觉自己做得完全正确。

其实，完人是没有的，即便是一件小事，你做的也可能是较完美的，但总不可能是最完美的，况且，好的思路方法往往就在反对意见里面隐藏着。因此，面对批评应持包容的态度，即使已经做得很好，也要注意吸取反面意见。

二是怕面子过不去。

有人认为受到批评是丢人的事，其实不改正错误，由小事酿成大错才是丢人的事，任何人都会有错误，不犯错误的人历来没有，有人给予批评指正这是件好事情。

从内心来讲，愿意批评别人的人不多，但是，为了工作，为了大家，为了集体，为共同进步，发现问题就得解决，批评是方法之一，出现了问题，对当事人指出来或提醒注意或限期改正，违犯了制度要按章给予处罚，这对当事人、大家、集体都有好处，这样的批评应该说是对工作负责的表现；好朋友近期情绪欠佳，思想上有点问题，工作上有点不顺，行为上有点过激，就需要和他谈谈心，听其倾诉，帮其分析原因，发现他有不对的地方也要及时指出来批评，如果思想钻了牛角尖回不来，就得大声棒喝，促使其改正，这是诤友的责任；学生思想波动大，行为习惯对其批评、引导，这是教师的责任；家人思想上有疙瘩，心情不愉快，也要对症下药，该规劝的规劝，该疏导的疏导，该批评的批评，这是家长的责任。

换个思路想，受到批评，首先，是一种被关爱的表现，说明自己还有人缘，出了问题有那么多人关心你。其次，可使自己少走弯路，较快地走出生活或工作上的阴影，轻松地走向正常生活。第三，可视作为一种待遇，受到的批评越多，自己的失误就会越少，进步就会越快，成长就会迅速，所以，你应该向批评你的人说一句："谢谢。"

3 看淡生活中的不平事

有一个人，因为一件小事和邻居争吵起来，他们谁也不肯让谁。最后，那人气呼呼地跑去找牧师，牧师是当地最有智慧、最公道的人。

"牧师，您来帮我们评评理吧！我那邻居简直是一堆狗屎！"那个人怒气冲冲地抱怨指责着。

牧师说："对不起，正巧我现在有事，麻烦你先回去，明天再说吧。"

第二天一大早，那人又愤愤不平地来了，不过，显然没有昨天那么生气了。

"今天,您一定要帮我评出个是非对错。"

牧师不快不慢地说:"你的怒气还是没有消除,等你心平气和后再说吧!正好我的事情还没有办好。"

一连好几天,那个人都没有来找牧师了。牧师在前往布道的路上遇到了那个人,他的心情显然平静了许多。

牧师问道:"现在,你还需要我来评理吗?"

那个人羞愧地笑了笑,说:"我已经心平气和了!现在想来也不是什么大事,不值得生气的。"

牧师仍然不快不慢地说:"这就对了,记住:不要在气头上说话或行动。"

生活中不平的事是如此之多,以至于有的人在不平事面前拔不开腿脚,智慧也不得施展,其实你要是能够包容,做到看淡不平事,那么往往不平事就变成公平事,不公平不一定是坏事,它可以摧毁一个人的自信,也可以激发一个人的奋斗上进心,那也要看你如何选择了。

美好的一切是从美丽的大自然开始的,从绿色开始的,我们只有不断地抛弃烦恼,生活才会向你绽露出灿烂的微笑。

生活,有时候不像我们想象得那样美好,它往往存有偏心。有的人生下来就顺利,干什么都一帆风顺,没有什么坎坷,事业、爱情都让人羡慕;但有的人从生下来就是"倒霉蛋",生活的艰辛,事业的挫折,情感的失意,无不困扰着他,甚至连个小小的愿望都难以实现。

生活确实有它不公平的一面,绝对的公平是不存在的,世界不是根据公平的原则创造的,如果我们遇到不公平的事不怨天尤人,因为这样解决不了我们所在的困境,只会使我们增添烦恼和压力。

既然如此,又何必对不公平耿耿于怀呢?有一句话:"大聪明的人,小事必朦胧;大事懵懂的人,小事必伺察。"把这些不平事看成是小事情,不要对生活给予你的不公心存怨恨,正确地看待它吧!只有不断地抛弃烦恼,生活才会向你绽露它最灿烂的微笑。

历史记载，李广身材高大，被匈奴人称为"飞将军"。他每次跟匈奴人打仗的时候，都是身先士卒，战斗非常勇猛。

公孙昆邪哭着对皇帝说："李广才气，天下无双，自负其能，数与虏敌战，恐亡之。"

皇上爱其才，恐亡之，把李广调到上郡做太守。

于是李广跟随周亚夫平定吴楚联军，立下战功。梁王刘武看上李广之才，私授李广将军印，认为这是对他的奖赏竟然接受了。他还要拿回京城炫耀一番。结果李广此举触怒皇帝，未受到丝毫奖赏。李广因此非常不满。

又过了几年，屡建战功的李广数次未能封侯，于是向王朔抱怨道："其他将领都封侯位列三公，然而我却没有封侯，这真是不公啊？"

后来李广在参与卫青大将军的漠北之决战时，李广奉命从侧路进攻，但他带领队伍迷了路，卫青责怪了李广几句。

李广想到长久以来自己受到的不公待遇，又想到自己此番失利，顿时感到一阵悲凉，于是引刀自刭，死得很悲壮，百姓闻之皆恸哭之。

世间难有平坦路，世上难有公平事，你想事情这样发展，但事情偏偏与你的愿望背道而驰，即使你付出辛苦了，付出努力了，也不一定能获得回报。实际上，绝对的公平是不存在的，世界不是根据公平的原则而创的。但是我们即使遇到不公平的事，也不要怨天尤人。因为，怨也没有用，生活就是这样，没有道理可讲，似乎不近情理。当生活让你哭笑不得的时候，你不应该太过于抱怨，而是要看淡生活中的不公平才对。

付出与回报的天平上总会出现不尽如人意的误差，苦苦地追寻换来的也只是一身疲惫，挥洒的汗水也不总是换来期待中的收获。

面对生活中的不平事，学会包容显得尤其重要，只要我们能够平心静气，不被其所牵绊，不让它成为控制自己的理智，不公平自然就慢慢地转变成公平了，就像你没有好的家境，但你经过坚韧的努力后你获得了突出的成绩。就像你这次没评上优秀的职称，你不要抱怨，忍耐下来，从改进自己的工作入手，那么下次你可能成为公司独当一面的人物。

社会是不公平的,但永远是守恒的,社会不相信泪水,社会只相信汗水。与其整天做无谓的抱怨,整天为不能改变现状而苦恼,还不如把这些事情看淡,让那些扰乱你内心平静的不平事都随风而逝。

面对生活中不公平的人和事,只要我们能够平心静气,不被其所牵绊,不让它控制自己的理智,不公平自然会慢慢转变成公平。公平与不公平,如果以必须要在同一时间段每个人的所得都一样来评判的话,是极度愚蠢的想法。上天给每个人的安排是不一样的,有的花期早一些,有的花期晚一些,仅此不同而已。

④ 永远不做欲望的傀儡

一个沿街流浪的乞丐,每天总在想如果我手头要是有两万元钱,我就不再有别的想法了。

有一天,这个乞丐无意中发觉了一只跑丢了的小狗,乞丐发现四周没人,便把狗抱回了他住的窑洞里。原来这只狗的主人是该市有名的大富翁。这位富翁丢狗后十分着急,于是在当地电视台发了一则寻狗启事并付酬金两万元。

第二天,乞丐看到这则启事,便迫不及待地抱着小狗,准备去领那两万元酬金,发现启事上的酬金已变成了3万元。

乞丐似乎不敢相信自己的眼睛,向前走的脚步突然间停了下来,想了想又转身将狗抱回了窑洞。

第三天,酬金果然又涨了,第四天又涨了,直到第七天,酬金涨到了让市民都感到惊讶时,乞丐这才跑回窑洞去抱狗。可想不到的是那只可爱的小狗已被活活地饿死了。

法国杰出的启蒙运动代表人物卢梭认为:"10岁时被糖果,20岁被恋人,30岁被快乐，40岁被野心，50岁被贪婪所俘虏。人到什么时候才能只追求睿智呢?"可见，内心不能清净是物欲太盛所导致的。

其实人人都有欲望，都想过美满幸福的生活，希望丰衣足食，这是人生存的合理欲求。但是，如果把这种欲望变成不合理的欲求，变成无止境的贪婪，那我们无形之中就成了欲望的奴隶。我们常常感到自己非常累，但是仍然觉得不满足，因为在我们看来，很多人比自己的生活更富足，很多人的权力比自己大，所以我们别无出路，只能硬着头皮往前冲，在无奈中透支着体力、精力与生命。

人生在世，不是说不能有欲望，欲望在一定程度上是促进社会发展和自我实现的动力。可是，除了生存的欲望以外，要有节制地预防其他欲望的侵害，时常提醒自己，要淡泊明志，只有内心干净，才不至于腐化变质。

其实人生在世，好多美好的东西并不是我们无缘获得，只是我们的期望太高，往往在刚要接近一个目标时，又会突然转向另一个更高的目标。西方一位哲人曾说过这样一句话:"人的欲望是座火山，如不控制就会被伤害。"

但是现实生活中，很多人的欲望无边无际，物欲、情欲、权欲、金钱欲……他们为了满足这些生不带来、死不带去的形形色色的永远也无法填满的欲望尔虞我诈、贪污受贿、招摇撞骗，或活得相当累，他们成了欲望的奴隶。

一个人去沙漠中寻找宝藏，宝藏没找到且所带的食物和水都已经没了。没有食物，也没有水，身上更没有一丝力气，他只能静静地躺在那里等待死亡的降临。

在死的前一刻，他向神做了最后的祈祷:"神啊，请帮帮我这个可怜的人吧!"

神真的出现了，问道:"你想要什么呢?"

他急忙回答说:"我想要食物和水，哪怕是很少也行。"

神于是满足了他的要求。

他吃饱喝足以后，又继续向沙漠深处走去，很幸运，他找到了宝藏，那些宝藏在那里散发着夺目的光彩。他贪婪地将宝藏装满了身上所有的口袋。但是他已经没有足够的食物和水来支持他走完剩下的路。

他带着宝藏往回走。由于体力不断下降,他不得不扔掉一些宝藏,他一边走一边扔,到最后把身上所有的东西都扔掉了。

最后,他躺在地上,临死之前,神又出现了,问道:"现在你要什么?"

他回答道:"食物和水,更多的食物和水!"

死到临头,仍然没能摆脱欲望,还在渴望更多的食物和水。熙熙攘攘的世人,其实都是被欲望操纵的木偶。

伊索说过:"许多人想得到更多的东西,却把现在拥有的也失去了。"这可以说是对得不偿失最好地诠释了。人生太多的沮丧都是因为得不到想要的东西。其实,我们辛辛苦苦地奔波劳碌,最终的结局不都是只剩下埋葬我们身体的那点土地吗?

欲望是无止境的,我们有太多的需求,面对着太多的诱惑。然而,在我们满足欲望的同时,也会相对地迷失自己,并产生一种错觉,认为财富和地位就代表了一切。可是当一切都失去的时候,我们的精神就会张皇失措,无所依靠。

托尔斯泰也曾经说过:欲望越小,人生就越幸福。人生最大的苦恼,不在于自己拥有得太少,而在于自己向往得太多。向往本身不是坏事,但向往得太多,而自己的能力又达不到,就会构成长久的失望与不满。

因此,不管我们做什么,都要适可而止,把握度。能力所及的事,不要过于强求自己,放弃那些无止境的沉重的欲望,这样才不会徒增烦恼与压力,才能轻松享受生活,稳步取得成功。

面对生活的诸多烦忧,保持一颗平常心,你就不会去斤斤计较生活里的得失,你就能在平凡的生活中寻找到快乐;你就会有"笑看庭前花开花落,静观天上云卷云舒"的轻松。

我们很多人就是过多地考虑利害得失,结果总是跟在欲望后面跑来跑去,两手空空地走完了自己的一生。知足者能够认识到无止境的欲望带来的痛苦。太贪婪了,欲望太强了,而其能力又有限,这样必然会导致可怕的后果。

⑤ 贪婪是吞噬幸福的魔鬼

从前有一对兄弟，他们自幼失去了父母，生活十分辛苦。不过，兄弟俩从来没有抱怨过，他们起早贪黑，一天到晚忙得不亦乐乎。

神得知了他们二人的情况，为他们的亲情所感动，决心去帮他们一把。

于是，神来到了兄弟俩的梦中，对他们说："远方有一座太阳山，山上撒满了金子，你们可以去拾取。不过路途非常艰险，而且你们一定要在太阳出来之前下山，否则就会被烧死在上边。"说完，菩萨就不见了。

兄弟二人从睡梦中醒来，他们商量了一下便起程去了太阳山。一路上，他们不但遇到了毒蛇猛兽、豺狼虎豹，而且天空中狂风大作、电闪雷鸣。兄弟俩咬紧牙关、团结一致，最终战胜了各种艰难险阻，终于来到了太阳山。

兄弟俩一看，漫山遍野都是黄金。弟弟一脸的兴奋，而哥哥却很平静。

哥哥从山上捡了一块黄金，装在口袋里，下山去了。弟弟捡了一块又一块，不一会儿整个袋子都装满了，弟弟还是不肯住手。

此时，太阳快出来了，可是弟弟却仍然不停地捡。

一会儿，太阳真的出来了，山上的温度也渐渐升高。由于金子太重，压得他根本就跑不快。太阳越升越高，弟弟终于倒了下去，被烧死在了太阳山上。

哥哥回家后，用捡到的那块金子当本钱，做起了生意。后来成了远近闻名的大富翁。可弟弟却永远留在了太阳山。

或许我们会笑话这个弟弟因为贪心而送上了自己的性命，而事实上我们又何尝不是如此呢?我们在生活中，又何尝不是因为自己的贪婪而断送自己的幸福呢。

很多时候我们会因为争名夺利,会因为不满足现状;很多时候我们无法放下一段已经消亡的感情,就是因为我们太贪心,太想拥有,而不想失去,什么都想得到。得到了好的事业,我们想得到美好的爱情,得到了爱情,我们又想得到幸福的婚姻,得到了幸福的婚姻,我们又想得到可爱的儿女……贪欲无穷无尽。

人人都有欲望,都想过美满幸福的生活,都希望丰衣足食,这是人之常情。但是,如果把这种欲望变成不正当的欲求,变成无止境的贪婪,那我们就会无形中成了欲望的奴隶。

在欲望的支配下,我们不得不为了权力、为了地位、为了金钱而削尖脑袋向里钻。我们常常感到自己非常累,但是仍觉得不满足,因为在我们看来,很多人比自己的生活更富足,很多人的权力比自己大。所以,我们别无出路,只能硬着头皮往前冲,在无奈中透支着体力、精力与生命。

一个乞丐肩背一个破袋子走在街上。

他边走边自言自语地说:"为什么有钱人已经有了很多的钱和物,还想要更多呢。人啊,应该了解自己。"

这时,不知从什么地方忽然出现了一个福神。

"我听了你刚才的自言自语,很感动。正好,我这里有很多金币,可以全部送给你。来吧,我给你装进袋子里。"

乞丐很高兴,把袋子伸到福神面前。

"不过,我们得先约好。假如金币从袋子里滚出来掉到地上,它们就会全部变成尘土,再也没有用了。你的袋子看样子很旧了,最好别装得太多了啊!"

乞丐非常高兴,用双手撑开了袋子口。福神就像往铁桶里倒水那样把金币装进袋子里。

"差不多了吧?"

"再来点。"

"我没问题,可是你的袋子不会破吗?"

"没问题,再来点。"

"行啦，你已经很有钱了。"

"再来一点！"

"行啦，这下已经满了。"

"再来最后一枚。"

"好吧，给你。"

福神把一枚金币往下一丢，只见袋子立刻漏了，金币一下子全部掉到了地上，正像他们事先说好的那样，金币全部变成了尘土。

同时，福神也不见了，乞丐手中只留下一只空袋子。乞丐除了袋子的底漏了以外，什么也没得到，他比以前更穷了。

人的贪欲会随着愿望的一个个实现而变本加厉，让原本简单的你变得面目可憎，或许等到有一天你看到镜中贪婪的自己也不会相信这就是当初的那个你了。

贪婪就如同一团熊熊烈火，柴放得越多，火烧得越旺，而火烧得越旺，人就越有添柴的冲动。于是，人便奔来奔去、忙里忙外，难有停息的时候。人要对自己好一点，就要放下过多的贪欲，让自己的生活过得轻松一点。

对于生活，普通的老百姓没有那么多文辞来形容，但是他们有他们的总结技巧。于是，很多大爷大妈总会在我们耳根子旁念叨：做人啊，要本分，不要丢了西瓜捡芝麻。这个道理其实与伊索说的是一样的。伊索说："许多人想得到更多的东西，却把现在所拥有的也失去了。"

欲望太多，就成了贪婪。贪婪就好像一朵艳丽的花朵，美得你兴高采烈心花怒放，可是你在注意到它精美的同时，却忘了提防它的香气，那是一种让你身心疲惫却永远也感受不到幸福的毒气。从此，你的心灵被索求所占据，你的双眼被虚荣所模糊。

⑥ 金钱不是生活中最重要的

　　晨晨是一位快乐的小姑娘,她的父亲失业后,全家只能依靠着吃菜市场上卖剩下的蔬菜过日子。

　　有一天,她在一个商场的柜台内看到了一只精美的小发卡,顿时她便迷上了它。她赶紧跑回家去央求妈妈给一元钱。母亲叹了口气,不愿意把钱给她。

　　父亲却对她母亲说:"把钱给她吧,要知道这么便宜的价格就能为孩子买到快乐,今后是不会再有的。"

　　那时,晨晨就明白,这一元钱所能买到的是比金子还贵重的快乐。

　　古语说得好,君子爱财,取之有道,用之有度,这是一种对待金钱应该有的正确态度。生活在经济社会中,我们需要金钱,但是我们要做金钱的主人,不能被金钱所役使。金钱固然可以换取诸多物质享受,可不一定能获取真正的开心。太在意金钱,反而成了金钱的奴隶了。

　　金钱在生活中不是最重要的,幸福才是最重要的,只要你内心快乐,实际上就很好了。如果我们为金钱所累,每天为钱发愁,为钱奔波,却也不幸福,那么,为什么我们不给自己减减压?生活不仅仅只有金钱,生活中还有很多东西值得我们去体会。

　　其实,金钱只有在使用时,才会产生它的价值,如果放着不用,就如废纸毫无意义。人生除了金钱还有其他更有意义的事情,不要一味地追求金钱,有时候金钱也是有毒的,它毒害的是人的心灵。

　　聪明的人善于取舍,与我有益者,不懈追求;不利身心者,纵然好得天花乱坠,也不为所动。金钱够用则已,毅然拒绝额外的诱惑,这才是智慧。

　　否则,盲目地追求只能让自己背上沉重的包袱,累得喘不过气来。要让金钱为人所用,为我所用,而不要成为不肯花钱的守财奴,主动钻进金钱的陷阱里,把自己送进绝境。因为过度追求金钱,不但不会获得幸福快乐,而且很可能将自己推向充满痛苦的欲望深渊。

我们虽然无法改变我们的境况,但我们可以改变自己的心态。人们拥有的金钱不够多不要紧,但不能没有快乐,如果连快乐都失去了,那么人生还有什么意义。快乐是人天性的追求,开心是生命中最顽强、最执著的律动。

一个富翁忧心忡忡地来到教堂祈祷后,去请教牧师。

"我虽然有了金钱,但我感觉不到幸福,我甚至不知道我应该用我的金钱做些什么?它能买来欢乐和幸福吗?"

牧师让他站在窗前,看外面的街上,问他看到了什么,富翁说:"我看到来来往往的人群,感觉很好。"

牧师又把一面很大的镜子放在他面前,问他看到了什么,他说:"我看到了自己,我很忧愁。"

牧师语重心长地与他说道:"是啊,窗户和镜子都是玻璃制作的,不同的是镜子上镀了一层水银,单纯的玻璃让你看到了别人,也看到了美丽的世界,没有什么阻拦你的视线,而镀上水银的玻璃只能让你看到自己,是金钱阻拦了你心灵的眼睛,你守着你的财富,像守着一个封闭的世界。"

富翁听罢,顿时心宽眼明。

从此以后,他总是尽可能地去资助那些困难的人,把自己的仁爱带给他们,而得到帮助的人则用无尽的感激和祝福报答他。

每个人都有自己的生活方式,有钱的人有有钱人的苦恼,没钱的人有没钱人的心酸。有钱的人不一定就是幸福的,没钱的人未必就是不幸福的,幸福不能用金钱来衡量。金钱也是一把双刃剑,关键是我们如何适度地把握。

物质世界和精神世界是相辅相成的,只要过得开心,生活的趣味就会更浓厚,更有意义,恐惧和压抑自然会在内心深处消失。开开心心地生活,坦坦荡荡地做人,才会让我们感到生活的幸福和快乐。

在人的一生当中，享受生命比追求财富更重要。人要在有限的生命中尽量让自己活得富裕一些，君子爱财，取之有道，用之有方。每个人都可以随时享受生活。

所以，放弃那些使我们生命过分沉重的金钱欲望，更不要做金钱的奴隶，才能使金钱为我所用，为自己服务，才能实现自己的梦想。金钱可以实现梦想，也可以使我们陷入深渊，作为一个现代人对待金钱应该有个正确的态度，那就是永远不要做金钱的奴隶。

7 淡泊名利的平常心

第一次登上月球的太空人除了大家所熟悉的阿姆斯特朗外，还有一位，就是奥德伦。

当时阿姆斯特朗所说的"我个人的一小步，是全人类的一大步"，现在已是全世界家喻户晓的名言了，但是几乎没有人知道奥德伦。

在庆贺成功登陆月球的记者会中，有一个记者突然向奥德伦问了一个很敏感的问题："阿姆斯特朗先下去，成为登月第一人，你会不会因此有些遗憾？"、

在全场稍显尴尬的气氛下，奥德伦没有为自己辩白，而是很有风度地回答："各位，千万别忘了，回到地球时，我可是最先走出太空舱的。"

他环视四周，笑着说："所以我是由别的星球来到地球的第一个人。"

大家在笑声中，给了他最热烈的掌声。

人往往是自己不能醒悟，凡事执迷不悟，岂不知做人要几分淡泊，名和利都是羁绊，你若太执著，哪能有解脱呢？

淡泊名利，看到别人享受荣华富贵而不羡慕；看到别人拥有家财万贯而不忌妒，珍

惜自己所拥有的一切;从精神上摆脱物欲的羁绊,懂得欣赏他人的荣耀、成就和美丽。保持平常心就是对功名利禄、荣华富贵视为过眼烟云;把匆匆过往的人生看做一次旅行,所有的成功和失败,所有的输或赢都是自己参与的一场观光。

虚名不是虚荣,虚荣是一种内心的虚幻荣誉感,能让人脱离现实看世界;而虚名是别人给他的一种名誉。一般来说,名与实应该是相符的,一个人的名声和他实际所作出的贡献是相等的。然而很多人在获得名誉之后,就不再发展自己的才能,就再也作不出什么贡献了,这时名誉就和实际渐渐地不相符合了,也就成了虚名。

虚名和金钱、物质一样都是身外之物,它是一种意识上的虚华东西,只是人们的一种评判结果,冠以其名。虚名只是一个名称,像一个无形的空壳套在人们身上,是一种观念,是思想上的东西。虚名会使人放弃努力,沉睡在他已经取得的名誉上不思进取,直至最后一事无成。

人世间最难得的就是拥有一颗淡泊名利的平常心,不为虚荣所诱、不为权势所惑、不为金钱所动、不为美色所迷、不为一切的浮华沉沦。

荣誉面前,我们应该保持清醒的头脑,要懂得荣誉的珍贵,更要为自己争取荣誉,但不能为荣誉所累,不能被荣誉打垮,否则,你就会成为荣誉的牺牲品。

不为虚名所累,就是一切要以人为本,该怎么做就怎么做,该追求自己的人生目标,就不要被眼前的花环、桂冠挡住前进的道路;就应该义无反顾地抛开这一切身外之物,走自己的路,干自己的事,不因小成就妨碍自己的大成功,这样才能获得真正的荣誉。

居里夫妇都是世界上著名的科学家,居里夫人是世界上唯一两次获得诺贝尔奖的女科学家。居里夫妇生活俭朴,不求名利且有平常心。所以,各种勋章、奖章是荣誉的象征,或许多人梦寐以求的宝物,居里夫妇视之如废物。

1902 年,居里先生收到了法兰西共和国大学理学院的通知,说是将向部里提出申请,颁发给他荣誉勋章,以表彰他在科学上的贡献。务请他不要拒绝接受。

居里和夫人商量以后,写了一封复信:"请代向部长先生,表示我的谢意。并请转告,我对勋章没有丝毫兴趣,我只亟须一个实验室。"

居里夫人的一位朋友应邀到她家做客，进屋后看见居里夫人的小女儿正在玩弄英国皇家协会刚刚授予居里夫人的一枚金质奖章。

于是惊讶地说："这枚体现极高荣誉的金质奖章，能得到它是极不容易的，怎么能够让孩子玩呢？"

居里夫人却说："就是要让孩子从小知道荣誉这东西，只是玩具而已，只能玩玩，绝不可以太看重它，如果永远守着它，就不会有出息。"

淡泊名利，是古往今来许多文人雅士所崇尚的。不必为过去的得失而后悔，不必为现在的落魄而烦恼，也不必为未来的不幸而忧愁。甩开名利的束缚和羁绊，做一个本色的自我，不为外物所拘，不因进退或喜或悲，待人接物豁然达观，不为俗世所困扰。

在名利面前，能而不为，有而不重，是谓淡泊，是一种高雅和超脱。人生的所求所欲，名利也好，地位也好，艺术或逍遥也好，都是人生的一种抉择，都有它存在的因由。

但是需要有一定的衡量标准来量度，究竟什么最能让人充实和幸福。人世间万事百态，法无定法，理无定理，皆是各人所持的一孔之见，孰高孰低，也难一言以蔽之。天下熙熙，皆为利来；天下攘攘，皆为利往。人生看不破名利二字，就会受到终身的羁绊。名利就像是一副枷锁，束缚了人的本真，抑制了人们对理想的追求。

淡泊名利的人表面给人一种不敢追求、没有理想的感觉，实际上他们是在踏实沉稳地走完每一段路，对自己的事业、生活总有一个适合于自己的现实规划。

所以，保持一颗淡泊名利的平常心，做一个普普通通、平平淡淡的人，持续专注于事情本身，而不被其他因素所干扰，不被其他目的和欲望所影响，这样反而能成就一番伟业。

保持一颗淡泊名利的平常心，在朴实无华的心境中生活，在孤寂中品味人生的艰辛，于宁静中净化自己的灵魂，不要因怀才不遇而怨天尤人，不要为暂时的得失而满腹牢骚，才能做到得意时不轻狂，失意时不沮丧。平常心，它能使我们在沉迷中变得清醒，在贪求中变得淡泊，对什么事都能拿得起，放得下，甩得开。

8 平复内心，宁静以致远

范蠡功成名就能够被后人津津乐道，关键就在于他始终保持那一份宁静、淡泊的心胸。

在范蠡的前半生，他没有想着享乐，而是效忠于越王勾践。

当越国重新崛起后，正当范蠡加官晋爵之时，范蠡毅然决然地呈上辞书，放弃了越王勾践给他的高官厚禄，只带了美女西施在齐国隐居。

齐国人知道这件事时很仰慕他的才能，而且由于他的人品也很好，所以被齐国的人们认为是贤人，于是被请去做齐国的宰相。

不过，范蠡并没有感到这是什么高兴的事情，反而有些反感。在范蠡眼中，这些所谓的高官厚禄不过是过眼云烟，自己追求的是一种宁静、淡泊的生活。

后来，他到了一个叫"陶"的地方，于是自称"陶朱公"并且留了下来。不过对于名利，他已再无追求，而是格外享受着这份宁静。

古人说："保持心情的宁静，只要稍微宁静下来，你眼前的一切就会是完全不同的情形。"所以，让我们试着用平和宁静的心情来看待那些曾让我们心烦意乱的外界干扰吧。

要保持这种平静的心境，就要学会去注意我们的感觉，注意我们生活的质量，注意人生中最重要的事情，那就是幸福与健康。我们应停止担忧那些不重要的事情，比如衣服没有别人的漂亮，有人好像对自己不友好，这次提升没有我，别人买了汽车而自己还没有，等等。我们要学会坚守宁静，不要让生活失去平衡。

现代人总是感受不到快乐，究其原因，就是不懂得给自己一份宁静、淡泊的心胸。我们追逐那些华而不实的名利，使生活成为机械化的程序，结果是复杂了自己的生活和心情，离幸福越来越远。也许一时的物质名利，会让我们感到短暂的快乐，但只有到临终的时候，才会悲哀地发现，自己的一生，原来是那么的不幸福。

所以，想要有一个快乐的心态，那么就要懂得"人生在世，功名利禄和家财万贯都只不过是过眼云烟"的道理。保持一颗平常心，反省过去的所作所为，用宁静、淡泊的心胸面对生活，这样才能得到人生的幸福。

每个人都渴望幸福，然而很多人又不懂得这样一个道理：真正的幸福来自宁静，来自淡泊的心胸。然而，过一种淡泊宁静的生活，这是许多人不愿意的。因为在他们眼里，人生就是享受，如果不尽情享受，那还有什么幸福和快乐而言呢？

事实上，有这种观点的人，他的一生也许并没有多少幸福和快乐。因为，他总有那么多的追求，得到的却往往不尽如人意。所以，人生在世，主观上追求什么，就能从根本上决定一生的命运。追求功名利禄的人，整天考虑的是他人对自己如何评价，必然活得累。自觉追求淡然恬静的人，荣辱毁誉不上心。

倘若在追求新的平衡中，不择手段，毫无廉耻，丧失道义，膨胀自私贪欲之心，让身心处于一种失控的状态中，那么就必然会产生一些意想不到的可怕后果。由此，你的人生必将陷入难以回旋的败局之中。

我们有时会想："我本来比他们强，可我却不如他们风光体面！"对此产生了心理不平衡，而这种心理不平衡又驱使着人们去追求一种新的平衡。倘若在追求新的平衡中，你能不昧良知、不损害别人，自觉接受道德的约束和限制，通过正当的努力和奋斗去实现人生的自我价值，达到一种新的平衡，倒也是值得称道和庆幸的。

如果你的内心能不受不平衡的干扰，让它平静下来，你就可以得到你想要的一切。拥有平和的心态，是健康人生的至高境界。拥有一颗宁静的心就拥有了一个强健的体魄，一份自我解脱、自我肯定的信心与勇气：不会高估自己，也不会自甘堕落，不会只追求物质的奢华，而把自己的灵魂淹没在如潮的尘海中。因为更多的时候，生活不是让我们追求外在的繁华，而是求得内心的平静与安宁。

不平衡使得一部分人心理自始至终处于一种极度不安的焦躁、矛盾、激愤之中。他们牢骚满腹，不思进取，工作中得过且过，心思不专，更有甚者会铤而走险，玩火烧身，

走上了危险的境地。我们必须要走出不平衡的心理误区。那么，我们要怎样才能从这种不平衡的心理误区中突围出来呢？

有时候，世间的事情不是我们都能掌握主动权或只要努力就能做好的，有许多事我们只能尽到本分，仅此而已。所谓"谋事在人，成事在天"，明白了这一点，我们就不会因遭遇外界的压力和痛苦而使自己也变得郁郁寡欢或烦躁不安。

对人世间的不平我们都会烦恼，这是十分正常的合乎情理的心理现象。但我们要尽量与痛苦保持适当的距离，只有这样，才是处理心理不平衡的妙方，也是让我们继续把工作做好的良好方法。

第 *12* 堂课

善用自己的天资，感受"涨潮"的快乐

——成就感是人生最幸福的体验

得到幸福的关键，是要看自己是否有一颗幸福的心，而幸福是在我们的成就中体验到的。只有我们不断地获得成就，让成就感来丰富我们的内心，与此同时，我们才能体验到幸福。

1 做自己最喜欢的事，才能有所成就

曾经有一个技艺超群的人，他的名字叫庖丁。

庖丁之所以著名是因为他可以屠宰牛这么一个庞然大物，在他刷刷几刀之后就肉是肉、骨是骨、皮是皮地被解剖得清清爽爽，而他的手触、肩倚、脚踏、进刀，就像是和着音乐的节拍表演一样，悠然自得。

更让人惊奇的一点是，庖丁那把已用了 19 年，已宰了几千头牛的屠刀，至今仍然像刚磨过的一样锋利。而他在宰牛后提刀而立的样子，简直就如同一位优雅的艺术家。

庖丁认为自己没有什么才华，除了"解牛"之外，其他的可以说什么都不会。但是他最大的优点就是在于他做了自己最擅长的事，所以才能发挥他炉火纯青的技艺，成了自己这一行中的佼佼者。试想，如果让庖丁去当铁匠，或许就会变成一个很糟糕的铁匠了。

因此，我们做事情也是同样的道理：就是要找到自己最擅长的事，并去把它做得更好。但是，如果你用自己的短处而不是长处去做事的话，即使那是件你喜欢的事，你也无法做好。

反之，如果你用自己的长处来做事，再经营自己的优势，就会激发无限潜能，最终获得巨大的成功。

其实每个人都有自己的优势，也都有自己的缺点与短处，扬长避短才算是机智的行为，拿自己最不擅长的"缺点"去硬碰别人修炼得最拿手的"看家本领"，其结果是可想而知的。

兴趣是成功的第一老师,因为做自己想做的事才是你真正的天赋所在,才是你人生的成功点,才是你生命的寄托和精神的家园。做自己想做的事,那才是你生命的金矿所在。

每个人都有各种潜能,但你不可能在所有地方都有机会发挥出来,你只能在一个地方用足你的力气。而在我们没有用力气的地方,无暇顾及的地方,必然不如那些在这地方用足力气的人。我们的精力有限,机遇也有限。因此,我们能如人的地方肯定很少很少,而不如人的地方绝对很多很多。只有看明白了这一点,才会有从容的心态,也才能真正发挥自己的优势。

总之,努力做个"庖丁"吧,即使你不会琴棋书画,一样会受到人们的尊敬。

费希尔年轻的时候是一名工人,每天从早到晚所接触的都是钉子,他天天在钉子堆里打滚,工作对他来说真是枯燥透顶。

他想为什么要把一生都消磨在钉子堆里呢?何况这无情的工作永无出头之日:做出一批制品,另一批制品便又接连而来。

费希尔先生满腹牢骚,怨言不断。在他身旁工作的另一位工人听了,认为他的话正好说出了自己想要说的,不知不觉也抱怨起来。

费希尔先生想:难道没有办法把工作改成有趣的游戏了吗?于是他开始研究怎样改进工作和增加工作乐趣。

他对同事说:"我们来一场比赛,你负责做旋钉机上磨钉子的工作,把钉子外面一层粗糙磨光,我负责做旋钉子的工作,谁做得最快谁就赢了。"

他的提议立即得到同事的响应,于是他们开始竞争,结果工作效率竟提高一倍,大受老板夸奖,不久他们便升迁了。

费希尔先生后来升为休斯敦机器制造厂的厂长,因为他懂得对待工作,与其勉强忍耐,不如用游戏的态度去做。

对于你想做的事情,热爱的事情,只要你努力奋斗,即便是失败了,你也是一个伟大的失败者。许多人正是在失败之后,才发现自己真正的才干,使自己的潜力得以爆

发。所以，失败时，不要气馁，不要轻易放弃自己的梦想，要愈挫愈奋。

　　热忱是股伟大的力量，你可以利用它来补充身体的精力，不断地充电，并形成一种坚强的个性。发展热忱的过程十分简单。首先，从事你最喜欢的工作，或提供你最喜欢的服务。如果你因情况特殊，目前无法从事你最喜欢的工作，那么，你也可以选择另一项十分有效的办法，那就是，把将来从事你最喜欢的这项工作，当做你明确的目标。

　　如果我们仅把工作作为一种谋生手段时，我们就不会去重视它、热爱它；而当我们把它视作深化、拓宽自身阅历的途径时，每个人都不会从心底里轻视它。工作带给我们的，将远远超出其本身的内涵。

　　工作不仅是生存的需要，也是实现个人的人生价值的需要，一个人总不能无所事事地终其一生，应该试着把自己的爱好与所从事的工作结合起来，不管做什么，都要从中找到快乐，并且要真心热爱所做的事。

　　很多人深知自己才能有限，于是更加执著，他们从不幻想做一个全才，也没有十八般武艺样样精通的野心，而是专注于一个目标，并且全力以赴。这样，他比那些多才多艺的人更容易集中精力。他们不必经常担心自己能否同时做好其他的事。他们知道要取得成功，就必须集中精力发展某一项才能，这个时候必须头脑清晰。

　　通过工作我们可以获取经验、知识和信心。投入的热情愈多、决心愈大，工作起来就会效率愈高。当抱有这种热情与执著时，工作将不再是苦差事，而是为了做一件全身心热爱的事，而且是有人愿意付钱请你来做你喜欢的事。你的工作是为自己找乐趣，假定你每天工作 8 小时，你就等于在快乐的泳池里游泳，工作等于快乐，这是一个多么合算的公式！

　　一个拥有积极心态的人，一个突出的表现就是他的投入。一切的一切，关键就在于投入，投入才能获得愉快。看一场球就想自己去打一场，做一顿饭一定做得有滋有味，进行一项实验就起早贪黑，写一篇文章会废寝忘食，一切都是那么吸引人，那么有趣味。从工作中获得快乐和成就感的秘诀不在于专挑自己喜欢的事情做，而在于发自内心地喜欢自己目前所从事的工作，并投入其中。

② **朝着正确的方向前行**

春秋战国时期，鲁国有一个姓施的老人，他膝下有二子：一个喜欢儒学，另一个喜欢兵法。

后来，喜欢儒学的那个儿子凭着自己渊博的知识和一套以德治国的学说，去游说齐王，得到了齐王的重用做了太傅。那个擅长兵法的，来到了楚国，和楚王一起谈论文治武功，楚王对他大加赞赏，委任他为军政大臣。

两个儿子身居显位，他们的亲人也跟着享尽了荣华富贵。

一户孟姓人家是施老的邻居，他家也有两个儿子，和施家二子所学相同，看到施家的变化，孟家父子羡慕施家的富有，于是上门请教求官的门路。施家人就将自家两个儿子如何获得成功的经过细细地讲了一遍。

孟家父子一听，于是决定让其二子去游说列国谋求官位。

孟家的第一个儿子前往秦国，他跟秦王大谈以礼治天下的好处。秦王却一句也听不进去，最后就让卫士将这个儿子拉出去施以宫刑，然后逐出国境。孟老的另一个儿子来到卫国，劝说卫侯以法治国，于是命人砍去了这个儿子的双脚，并派人把他送回了鲁国。

就这样，孟家的两个儿子无端端地变成了废人，父子相见，不由得抱头痛哭。想起是施家出的主意，他们顿足捶胸，觉得是施老爷子欺骗了他们，不由憎恨万分。

姓施的老人看见这样的情形，也对邻居的遭遇很同情，于是就安慰他们说："你们

虽然做的事情和我的两个儿子一样，但是你们却没有找对合适的国家，没有见到适合自己的君主啊。所以结果不一样，赶上合适的时机。要学会找到合适的机会，给自己有发挥的余地，才是正确的道理。"

孟氏父子恍然大悟，脸上的怒气也一扫而光，只是后悔自己没有选择好合适的对象，才遭到如此横祸。

顺应时势，寻找良机，以灵活的头脑去应付一切，这是不可缺少的智慧。孟家的父子就不懂得这个道理，才导致灾祸。如果不具备这样的智慧，即便像孔子一样知识渊博，像姜太公一样多才，也会四处碰壁的。

许多人知道自己资质平庸，正是这种自知之明推动他们最大限度地开发利用自己的潜能。在与别人的议论中他们知道自己并不聪明，这激起了他们的羞耻感。知耻而后勇，他们决心不做平庸的人。虽然他们在智力上不如那些聪明者，但是他们下定决心要证明自己并非一无是处。其实，这并不是不可能的，只要他们找到适合自己的事情，就会把这件事情变得简单。

而许多成功转化的关键，在一开始人们也许看不出它的内在潜力。这时选择的正确与否，就已成为成功与失败的分界。在人生的每一次关键时刻，谨慎地运用你的知识，作最正确的判断。

选择属于你的正确方向，同时别忘了随时检查一下自己选择的角度是否产生偏差，适时地给予调整。一个萝卜一个坑，要学会找到适合自己的，这样才是一个机会，而不会变成厄运。

英泰尔在37岁那年做了一个疯狂的决定，靠搭便车与陌生人的好心，横越美国。

他选择北卡罗来纳州的恐怖角作为最终目的，为的是借以象征他征服生命中所有恐惧的决心。

但他成功了，4000多里路，78顿餐，仰赖82个陌生人的好心。没有接受过任何金钱的馈赠，在雷雨交加中睡在潮湿的睡袋里，他终于来到恐怖角。恐怖角到了，但恐怖角并不恐怖。

英泰尔终于明白:"我现在明白自己一直害怕做错事,我最大的耻辱不是恐惧死亡,而是恐惧生命。"

花了六个星期的时间,到了一个和自己想象无关的地方,他得到了什么?得到的不是目的,而是过程。

虽然苦,虽然绝不会想要再来一次,但在回忆中是甜美的信心之旅,仿如人生。后来他写了一本书,书名叫做《不带钱去旅行》。

不管在什么时候,一件事情的成败都不仅仅取决于做事的方法,时机和运气也是关键因素。所以,当遭遇挫折的时候,一定不能气馁,认真思索一下为什么没有选择到最合适的契机。

而所谓的机遇就是建立在做适合自己的事情上的,如果做那些和自己风马牛不相及的事情,成功的概率就很小。很多事物是在不停地变化着的,从前需要的,也许今天弃而不用;今天弃掉的,也许以后会峰回路转。用或是不用,没有对与错之分,但是选择却有对错之分。

其实,机遇的重要谁都知道,因为一个机遇,就可能改变一个人一生的命运。可是,并不是每个人都能够抓住机遇,很多时候一些不合适的机会并不是我们的机会。

而真正的机遇又是不等人的,稍纵即逝。机遇来临的时候,不能胆怯,不能后退,要勇敢地向机遇招手。这不是盲目自信,也不是任意妄为,这是建立在对机遇准确地选择上。

3 认识自己优势的人都是"幸运儿"

一天，一只小蜗牛问妈妈说："为什么我们从生下来，就要背负这个又硬又重的壳呢？"

妈妈回答说："因为我们的身体没有骨骼的支撑，只能爬，又爬不快。所以要这个壳的保护！"

小蜗牛继续问道："毛虫姐姐没有骨头，也爬不快，为什么她却不用背这个又硬又重的壳呢？"

妈妈耐心地回答说："因为毛虫姐姐能变成蝴蝶，天空会保护她啊。"

小蜗牛又继续问道："可是蚯蚓弟弟也没骨头爬不快，也不会变成蝴蝶，他为什么不背这个又硬又重的壳呢？"

妈妈说："因为蚯蚓弟弟会钻土，大地会保护他啊。"

小蜗牛哭了起来道："我们好可怜，天空不保护，大地也不保护。"

蜗牛妈妈安慰他说："所以我们有壳啊！我们不上天，也不下地，我们自己保护自己啊。"

事实上，这个世界并没有任何一个人是绝对完美的。上天对每个人都是公平的。上天在赋予你相对较高的智商时，或许也同时赋予了你相对较低的情商；上天在赋予了另一个人相对美丽的外表时，或许也同时赋予了她相对贫乏的语言表达能力。

当然，也有人会问："既然每个人都有优势，那为什么我还是不成功呢？"原因就是大部分人不知道自己真正的优势是什么，更没有去寻找适合的岗位，持续地发挥自己的这些优势。

大部分人找工作，要么是学什么专业就做什么，或以前是做什么的，换一个单位还是做什么,从此决定自己的一生。这,根本不是理智的定位,真正的优势,你远远没有看到。如果说成功真的存在所谓的"捷径",那么认识到自己的优势,并朝着这方面努力,这就是成功的捷径。

你撇开了自己最擅长的工作,无异于抛弃了你最重要的竞争优势,等于扬短避长。在你不擅长的工作岗位上,即使你费了九牛二虎的力气,克服了自己的诸多弱点,至多也不过使你得到一个业余专家的地位而已。

因此,你要想在生活中取得成功,就要选择自己最擅长的工作,不然,你表面上看起来在向成功积极迈进,实际上却是南辕北辙。

要想做最擅长的事,你必须认清自己真正的才能和限度,也就是说你具备的才能最适宜干什么领域内的工作,在这个领域内你所能达到成功的限度是什么。也就是说,首先你一定要知己。既不要轻视自己,也不要看高自己,给自己做一番中肯的评价。

如果你对自我评价有点不自信的话,可以咨询专家、亲人或者朋友。当然,最重要的还是听从于心灵的需要,因为你对某项工作表现出来的热情,以及由此挖掘出的潜力,没有人比你自己更清楚。

有一个 10 岁的小男孩,在一次车祸中不幸失去了左臂,但是他很想学柔道。最终小男孩拜一位日本柔道大师做了师父,开始学习柔道。

他学得不错,可是练了 3 个月,师父只教了他一招,小男孩有点弄不懂了。

一天,他终于忍不住问师父:"我是不是应该再学学其他招?"

师父回答说:"不错,你的确只会一招,但你只需要这一招就够了。"

小男孩并不是很明白,但他很相信师父,于是就继续照着练了下去。

几个月后,师父第一次带小男孩去参加比赛。小男孩自己都没有想到居然轻轻松松地赢了前两轮。第三轮稍微有点艰难,但是对手还是很快变得有些急躁,连连进攻,小男孩敏捷地施展出自己的那一招,又赢了。就这样小男孩迷迷瞪瞪地进入了决赛。

决赛的对手比小男孩高大，强壮许多，也似乎更有经验。小男孩显得有点招架不住，裁判担心小男孩会受伤，就叫了暂停，还打算就此终止比赛。

然而师父不答应，坚持说："继续下去。"

比赛重新开始后，对手放松了警惕，小男孩开始使出他的那一招，制伏了对手，由此赢得了比赛，得了冠军。

回家的路上，小男孩和师父一起回顾每场比赛的每一个细节。

小男孩鼓起勇气道出了心里的疑问："师父，我怎么就凭着一招就赢得了冠军？"

师父答道："就我所知，对付这一招唯一的办法是对手抓住你的左臂。而你认识到了你的优势，你才赢得了这次比赛！"

歌德曾经说过："每个人都有与生俱来的天分，当这些天分得到充分发挥时，自然能够为他带来极致的快乐。"职场之中，如果你也希望不断体验到这份快乐，那么就要从自己的长处入手，抓住机会充分发挥这份优势。

如果你丢开自己的优势和才能，在不擅长的领域寻求发展，你很快就会发现，自己就像在泥潭里挣扎一样，无论从事什么职业，都难逃失败的命运。

世界上每个人的出身虽然不同，但每个人都有自己专长的领域，以及脱颖而出的能力。而你之所以有这种想法，关键是因为你不知道自己的特长在哪儿，长期使它处于闲置状态。强者不同，强者了解自己的特长并懂得发挥，一旦特长得到了充分地发挥，自己的人生也必然走向了辉煌，就会绽放出最亮丽的光芒。

找到自己的优点和长处，这是你战胜别人的优势，也只有在自己的优点上发挥，才会体现出你的优势所在，让你变得所向披靡。无论发生了什么或将要发生什么，我们从来都没有失去自己作为人的价值，没有什么能把它拿走。

我们每个人都有极大的价值，但真正认识到这一点的人却不多。我们认为自己的价值有多大，我们就会得到多少。

从没有一个认为自己毫无价值、不相信自己的人能够获得成功。我们每个人都是无价之宝，没有发现这一宝藏的人都是现在仍在贫困线上挣扎的人。我们是否也具有这样的勇气与决心呢?是否对自己应该肯定呢?否则,可能就如五祖弘忍大师所讲的"不识本心,学法无益"了。

肯定自己才能使生命更加完美。面临巨大的苦难与挑战,要用你最好的心态去面对。当你最终摆脱了困境以后,你会深深体味到那一种"闲看庭前花开花落"的宠辱不惊的悠闲,那是一种"漫随天外云卷云舒"的轻松,生命就像在自由的空间中游弋般无拘无束。

④ 不要让自卑影响你的生活

有一天,一个非常高傲的武士前来拜访禅宗大师。他本是一个出色且颇具威名的武士,但当他看到大师俊朗的外形、优雅的举止时,猛然自卑起来。

他对大师说道:"为什么我会感到自卑呢?仅仅在一分钟前,我还是好好的。但我刚跨进你的院子,就突然自卑起来。以前,我从来没有过这种感觉。我曾经无数次面对死亡,但从没有感到恐惧,为什么现在感到有些惊恐了呢?"

大师对他说道:"你耐心地等一下,等这里所有的人都离开后,我会告诉你答案。"

一整天,前来拜访大师的人络绎不绝,武士等得心急火燎。

直到晚上,房间里才空寂起来。

武士急切地说道:"现在,你可以回答我了吧?"

大师说:"到外面来吧。"

这是一个满月的夜晚,刚刚冲出地平线的月亮散发出皎洁的光辉。

大师说:"看看这棵树高入云端,而旁边的那棵还不及它的一半高,它们在我的窗户外面已经存在好多年了,从没有发生过什么问题。这棵小树也从没有对大树说'为什么

在你面前我总感到自卑'？一个这么高，一个这么矮，为什么我却从未听到过抱怨呢？"

武士说道："因为它们不会比较。"

大师回答道："那么你就不需要问我了。你已经知道答案了。"

在现实生活中，我们每个人都或多或少存在着自卑，但是自卑并不可怕，可怕的是沉浸在自卑当中而丧失了追求成功的勇气。唯一的阻碍，不是我们不能改变自己，也不是改变的困难，而是我们不要改变。只要别人或是别的事物改变了，你就会看到，我们把自己调整得多好。

有自卑心理的人总是用别人的眼光来过低地评论和挑剔自己，把自己限制在一个劣于他人的境地，认为自己与世间那些美好的事物无缘，给自己设置一连串的"不可能"：不可能像别人那样出色，不可能有那么大的作为，不可能取得那样大的成功……总认为自己渺小，做事情很少能够心中有数。其实，这个世界上，在你周围的人群中，比你强的并没有你想象得那么多。

现在就是开始的时候了，任何人都有自卑的时候，但不能因自卑而影响自己的生活，我们可以过更好的生活。我们不应让自卑感作祟而使自己觉得难堪，应该像一般成功快乐的人那样，好好地发挥自卑感原有的作用。虽然起初不大有把握，可是我们会发现我们自己不再受它的驱使，而是在利用它，将人生变得更精彩更丰富。

从前有个相貌极丑的美国人，街上行人都要掉头对他多看一眼。他从不修饰，到死都不在乎衣着。

窄窄的黑裤子，伞套似的上衣，加上高顶窄边的大礼帽，仿佛要故意衬托出他那瘦长条的个子，走路姿势难看，双手晃来荡去。

他是小地方出生的人，尽管后来身居高职，但直到临终，举止仍是老样子，仍然不穿外衣就去开门，不戴手套就去歌剧院，总是讲不得体的笑话，往往在公众场合忽然忧郁起来，不言不语。无论在什么地方，甚至于他自己家里，他处处都显得格格不入。

他不但出身贫贱，而且身世蒙羞，母亲是私生子，他一生都对这些缺点非常敏感。

没人出身比他更低，但也没有人比他升得更高。

他后来任美国大总统，这个人就是林肯。

一个人有这么多的弱点而不去克服，难道也能得到像林肯那样的成就？

其实，林肯并不是用每一个长处抵每一个短处以求补偿，而是凭伟大的睿智与情操，使自己凌驾于自己的一切短处之上，置身于更高的境界。只在一个方面，就是通过教育，来补偿自己的不足。他用拼命自修的方法来克服早期的障碍。

他非常孤陋寡闻，在20岁以前听牧师布道，他们都说地球是扁的。他在烛光、灯光和火光前读书，读得眼珠子在眼眶里越陷越深，眼看知识无涯而自己所知有限，总是感觉沮丧。他填写国会议员履历，在教育一项下填的竟然是："有缺点。"

可见，林肯的一生不是沉浸在自卑中，而是对一切他所缺乏的方面全面补偿。他不求名利地位，不求婚姻美满，集中全力以求达到自己心中更高的目标，他渴望把他的独特思想与崇高人格里的一切优点奉献出来，从而造福人类。

的确，强者不是天生的，强者也并非没有软弱的时候，强者之所以成为强者，在于他善于战胜自己的软弱。一代球王贝利初到巴西最有名气的桑托斯足球队时，他害怕那些大球星瞧不起自己，竟紧张得一夜未眠，他本是球场上的佼佼者，但却无端地怀疑自己，恐惧他人。

后来他设法在球场上忘掉自我，专注踢球，保持一种泰然自若的心态，从此便以锐不可当之势踢进了1000多个球。球王贝利战胜自卑的过程告诉我们：不要怀疑自己、贬低自己，只需勇往直前，付诸行动，就一定能走向成功。

⑤ 不要给自己设定局限

　　一个孩子到一座废弃的楼房里玩耍，他听见一阵阵悲伤的哭泣声传来。孩子循声找去，在一个角落里，一个四四方方的铁笼里，囚着一个干枯得皮包骨头的人，哭泣声就是他发出来的。

　　"你是谁？"孩子问。

　　"我是我的生命。"那人说。

　　"谁把你关在这里的？"孩子问。

　　"我的主人。"

　　"谁是你的主人？"

　　"我就是我的主人。"

　　"嗯？"孩子不明白了。

　　"是我自己把自己囚禁起来了。"

　　一天，孩子又遇见了这个生机勃勃的生命。

　　"你的变化好大呀！"孩子说。

　　"是呀！"这个生命说，"我的乐趣就在于冒险和探索，当我在充满未知和危险的世间寻求时，我就变成了现在这样，假如我企图寻求一个生命的保险箱时，我就会再次被囚。孩子，跟我一起走吧。"

　　于是孩子和这个欢笑着的生命手拉手地走了。

　　我们追溯着命运，在物质中，在心灵中，在道德中，在种族中，在阶级的迟滞延缓中，同样也在思想和性格之中。无论在哪里，它都是束缚与局限。然而命运自己也有主人,局限性本身也有局限。从上观察和从下观察,从里观察和从外观察,它们自身也不尽相同。这是因为,尽管命运是无穷无尽的,力量也是无穷无尽的。

如果说命运紧逼着力量,限制着力量,那么力量也伴随着命运,反抗着命运。我们必须尊崇命运为自然的历史,可是历史绝不仅仅限于自然的历史。

一个人如果下定决心做成某件事,那么他就会凭借胆识的驱动和潜意识的力量,跨越前进路上的重重障碍,成功也就有了切实可靠的保证。

不论追求什么,你都必须充满信心。不要认为自己能力不足;也不要过于庸人自扰,你应该告诉自己:"我办得到!任何障碍我都可解除。"

超越自我,还有很重要的一点,就是要自己看得起自己。一个人是否常常把自己看成是世界上最应该同情的,最可怕的,最命苦的人呢?你是否常常忌妒和羡慕别人,对任何事物都产生反感呢?如果是,最好立刻去掉这些不良情绪。

有一天,龙虾与寄居蟹在深海中相遇,寄居蟹看见龙虾正把自己的硬壳脱掉,只露出娇嫩的身躯。

寄居蟹非常紧张地说:"龙虾,你怎可以把唯一保护自己身躯的硬壳也放弃呢?难道你不怕有大鱼一口把你吃掉吗?以你现在的情况来看,连急流也会把你冲到岩石去,到时你不死才怪呢?"

虾气定神闲地回答:"谢谢你的关心,但是你不了解,我们龙虾每次成长,都必须先脱掉旧壳,才能生长出更坚固的外壳,现在面对的危险,只是为了将来发展得更好而作准备。"

寄居蟹细心思量一下,自己整天只找可以避居的地方,而没有想过如何令自己成长得更强壮,整天只活在别人的护荫之下,难怪永远都限制自己的发展。

对于那些害怕危险的人,危险无处不在。每个人都有一定的安全区,你想跨越自己目前的成就,请不要画地自限,勇于接受挑战充实自我,你一定会发展得比想象中更好。

人,总在匆匆地、盲目地为生存奔跑,而常常却忘了探讨、研究、关照自己。所以应该经常进行自我反思,自我解脱,走出人为制定的传统,走出种种可怕的偏见和人生的错位，超越自我。

人生是一个大舞台，每个人都是演员，当你把自己排开，那就成了围观的观众；当你积极地参与，你就可以在这个舞台上演出惟妙惟肖的戏剧来。人，贵在有梦、有希望。这是一个人生命力强的表现。

我们应该让生命永远像春天，有不同凡响决心的凡人即为伟人。山不在高，有仙则灵，水不在深，有龙则名。一个人并不在乎天赋有多高，关键看自己挖掘、展现生命价值的程度。

征途的回顾常常会使人发现真理，当你走过一段生命的历程，再回过头来走近生命的源头，你将会惊奇地发现：它是一座等待燃烧的火库，有着无穷无尽的能量。千万不要小看自己，因为人有无限的可能。就看你是不是找到了驾驭生命的工具，是不是找到了燃起生命之火的火种。

把自己想象成宇宙，广大浩渺，包容大地。朋友！请走进生命的底层，把生命之火点燃吧！是上天赋予每个人的珍贵礼物，请尽情地享受吧！请接纳自己吧！请热爱自己吧！请珍爱自己，欣赏自己，尽情地享受自己至高无上的生命吧！

学会超越自己，幸福就在你的脚下。勇敢地迈出第一步就是成功！

6 展示出你最闪亮的一面

有一个年轻人，站在悬崖边，痛不欲生。

这时，一位老者足蹈、欢歌而过。

年轻人止住老者，问："老人家，你为何如此快乐？"

老人朗声回答："天地之间，以人为尊，我生而为人；星辰之中，唯日月灿烂，我能早晚相伴;百草之中,五谷最是养人,我能终生享用,为何要不快乐?"

年轻人若有所思地点了点头,说道:"老人家,我觉得自卑,不如别人活得有价值。"

年轻人满脸忧伤。

老者微微一笑,说:"一块金子和一块泥土,谁更自卑呢?"

年轻人刚要回答,老人摆了摆手,继续说:"如给你一粒种子,去培育生命,金子和泥土谁更有价值呢?"

说完,老者朗笑而去,年轻人顿觉释然!

其实在每一个人的身上都会有自己独有的闪光点,无论你是什么样的人,只待我们发掘自己的闪光点并且展示出来。

在如今注重自我营销的年代里,每个人就好比一件商品。酒香也怕巷子深。纵使才高八斗,有经天纬地之才,不去展示自我,就很难引起他人的关注。我们不难看到这样一种现象:那些才华满腹的人,不擅与人交流,有如"茶壶里煮饺子,有货倒不出",从而失去了让外界进一步了解的机会,以至失去了很多不错的机会。

但需要说明的是,我们不能只顾着一味地表现,这很有可能会造成相反的效果。积极的表现也要讲究方法,所谓善于表现,就是不在每一方面都去争抢,显得自己爱出风头;关键时刻的救急才更能显示出我们的风度。表现自己不是凡事都要标新立异,在适当时机表现出独特的看法,反倒能让人眼前为之一亮。

所以,每个强者都是勇于发现自己的长处,客观地审视自己,将注意力集中到长处上,并把它充分地发扬光大,这样做的目的可以避免自身的缺陷,将自己纳入正常轨道上来。然后做自己最擅长的工作,一步步迈向成功。

总之,我们要根据我们自身的特点来最大限度地发挥潜能。就好像学生,其实每个学生都是一座宝库,只要那些做教师的善于发掘的话,就一定会发现他们的光彩,就能使他们走向知识的殿堂,会使他们的知识渊博起来。

法国作家小仲马在他成名前没有一技之长,被叔叔介绍到议价公司工作。公司主管却对他失望透顶。

一次他的主管问他说："请问你有什么特长呢？"

小仲马回答道："我没有发现自己有什么特长。"

"你会财务吗？"

"那些数字是我最讨厌的了。"

"那你会不会管理公司呢？"

"我在这方面没有任何经验。"

"你会不会销售呢？"

"我最不屑和别人打交道了。"

公司主管听后一下子目瞪口呆，他什么也不会，近乎白痴一个。最后他拿了一张纸叫小仲马写下联系方式，说过一段时间再通知他。

小仲马拿着笔刷刷地写下了几行字迹，公司主管看了小仲马写下清秀、有力的几行字又惊呆地说："小伙子，你有自己的闪光点，你写的字真漂亮！以后可以多写一些东西呀！"

从此，小仲马充分发挥自己的优势，苦心开拓文学领域，并最终成为和他父亲一样并驾齐驱的大文豪。

在世界上，没有绝对的"傻子"，也没有绝对的"天才"，只是有些人的潜能被压制、被遗忘了。从某种意义上来说，一个有思想但不善于表达的人甚至和一个没有思想的人是一样的。与其仰慕别人的才华，不如发掘自身的闪光点并善加利用。只要打开心结，拿出超越自我的勇气，讲求技巧地表现自己，就有可能得到不一样的改变。

每个人都有自己的长处，也都有好的一面。每个人的好在不同的方面，即每个人都有自己的闪光点，闪光点如种子，如果对它辛勤耕耘，总有一天会茁壮成长为参天大树。要让自己成为强者，就先要善于在自己身上找到闪光点，再用放大镜放大一下，让自己看到希望，然后再努力拼搏。

如果我们想脱颖而出，不想永远做平庸之辈，对于我们的自身优点，一定要勇于充分发扬。当这种到达了一定程度，别人也会把你的弱点给忽视了，你就会变成一个相对有成就的人。例如，善于绘画的人说不定会成为未来的艺术工作者，甚至是有名的画家；善于唱歌的人说不定将来会成为音乐工作者，甚至是著名的歌手。

所以，在相信自己这块"和氏璧"的基础上，接下来，就要善于表现，敢于为自己标价，敢于冲破格局。如果不想出现"千里马"骈于槽枥之间这种扼腕遗憾的局面，就要学会在适当的时候积极地表现和展示。这实际上就是给自己在寻找机会，是一种全新的自我亮相，相当于在大众面前再造自我。通过自我展现，可以在培养自身能力的同时增强信心、改善性格，更可以发现甚至连自己都不曾体察到的兴趣和爱好。

是金子就让它的光芒闪耀出来，并把自己的光芒让每个人都看见，让自己的闪光点发扬光大，这样你便会很快脱颖而出。可见每个人都是人才，关键在于如何表现自己。有能力的人未必就能成功，更重要的还是要会抓住重点，适当表现，这才是王者风范。